重要なのに
軽んじられる
宿命

兵站

福山 隆
（元陸将）

まえがき

私の「兵站《へいたん》」に関わるつたない話を四つ紹介したい。

第一話。私は一九七〇（昭和四五）年三月に防衛大学校を卒業し、半年間、福岡県久留米市の幹部候補生学校で教育を受け、その後、長崎県大村市にある第一六普通科連隊第四中隊の小隊長になった。そして同年一一月の月半ばに、大分県湯布院市の傍に広がる日《ひ》出生台《じゅうだい》演習場で二夜三日の演習（連隊の攻撃訓練）に参加した。

私の小隊約二〇名は中隊主力とは別行動で、広い演習場のなかを行動した。そのとき、小隊陸曹（小隊長の補佐役）の吉田鉄馬一曹が私にこう言った。「福山小隊長、今後あなたの自衛隊生活で最も大事なことを申し上げます。それは、演習に出たときは、部下にきちんと食事を与えるように努めることです。これさえ守れば、隊員たちはどんなにつらくても福山小隊長を信頼し、ついてきます」と。

私にとって、この吉田一曹の言葉こそが「兵站の重要性」を身近なこととして教えを受けた最初だった。

第二話。いまも、印象深く思い出される「兵站の話」がある。小隊長二年目の秋、私は師団長が実施する連隊検閲——訓練練度の評価テスト——に参加した。私は、この大事な演習で連隊の先頭を切る尖兵小隊長の任務を命ぜられた。そんな大事な機会に、こともあろうに風邪をひき、四〇度近くもある熱を押して参加した。

演習が開始されると、敵になる第一九普通科連隊（福岡駐屯地）の尖兵小隊との激しい陣取り合戦を繰り広げ、小さな川を挟んで対峙《たいじ》する格好になった。夜になると冷たい雨が降り始め高熱の体を冷やしてくれた。

暗闇のなか、雨に濡れながら高熱のためかガタガタ震えていると、二班長の井上二曹が私を気遣ってやってきた。

「井上班長ご苦労さん。班員は皆元気のごたるね」

「大丈夫ですよ。それより、小隊長の風邪はどぎゃんですか」

「俺はアニマル福山——バイタリティ横溢《おういつ》していた当時の筆者の愛称——たい。大丈夫、なんとかなるばい」

「小隊長、風邪の特効薬ば持ってきました。ニンニク味噌《みそ》と体の温もる『栄養ドリンク』ですたい。どうぞ」

井上班長は保存容器に入ったニンニク味噌をポンチョで雨を遮《さえぎ》りながら、箸を添えて私に差し出した。油で炒めたニンニク味噌は珍味で美味かった。井上班長は「栄養ドリンク」の小瓶も取り出した。もう既にキャップが取りはずしてあった。私は炭酸の効いた甘味の「栄養ドリンク」を一気に飲もうとしたら、咽《む》せてしまった。なんと、それはウイスキーだった。喉から胃の腑《ふ》にかけて焼けるようだったが、次第に体が温まってくるように思えた。この〝特効薬〟で体の震えが治まってきたように感じた。

夜半を過ぎてしばらくすると雨が上がった。さらにいっとき経つと、雲の切れ目が現れ、星が見えるようになった。雨上がりの澄み切った高原の空には星が溢《あふ》れていた。泥と水溜りの地上から、無垢《むく》の星空に目を移すと、なんだか心がすっきりするような気がした。私は崖に背を預けて目を閉じた。前夜は風邪の熱でほとんど眠れなかったが、自然の風雨が高熱を冷ましてくれたのと激しい疲れが相俟《あいま》ったからなのだろうか、まるで闇に吸い込まれるように深い眠りに落ちてしまった。

私は、雨に濡れた体で、地べたに座ったまま熟睡した。どのくらい経っただろうか。私が目を覚ますと、夜は白々と明け始めていた。昨夜の雨天とは打って変わって、雲ひとつない秋晴れだった。ポンチョを脱ぎ、通信機を背負い直し、立ち上がって「おはよう」と声をかけながら、小隊を見て回った。まだ、地面に這《は》いつくばって寝ている隊員もいたが、ほとんどの隊員は身支度をしていつでも前進できる準備をし、パンや缶詰などで腹ごしらえをしていた。私はそんな部下が頼もしく思えた。

私は、ふと自分が風邪であることを思い出した。そして、奇跡を体験した。なんとあの忌まわしい風邪が完全に治っていたのだ。それまでの経験では、風邪は一週間以上かけて徐々に治るものだった。しかし、今回は、目覚めた途端、昨夜までの高熱が完治していたのだ。熱もだるさもまったくなかった。それどころか、全身に力が漲《みなぎ》り、心も晴れ晴れとし、元の「アニマル福山」に戻っていた。

私は、井上班長の心配りから、「歩兵の宿命として、自分の兵站は自分で工夫する」ことの必要性を学んだ。

第三話。小隊長時代から二〇年ほど経って、私は地下鉄サリン事件に遭遇し、市ヶ谷駐屯地に所在する第三二普通科連隊長として除染作戦の指揮を執った。このときにも「兵站」について強い印象を持ったことがある。

サリンを中和して無毒化し、除染するためには大量の苛性ソーダが必要だった。これについては、東部方面隊が緊急に調達して、車両とヘリコプターで連隊に届けてくれた。苛性ソーダなしでは任務達成は不可能だった。私は、地下鉄サリン事件で除染作戦に従事するなかで、「兵站」は作戦の決め手になることを痛感した。

　第四話。私は、二〇〇二（平成一四）年三月から翌年七月まで、佐賀県目達原《めたばる》駐屯地にある九州補給処の処長を務めた。九州補給処は、九州の防衛を担当する西部方面隊の兵站を担う部隊である。補給処は福岡県北九州市の富野《との》分屯地と大分県大分市の大分弾薬支処に弾薬庫を、佐賀県鳥栖《とす》市の鳥栖分屯地に鳥栖燃料支処を持っていた。補給処はそのほか西部方面隊が平時・有事に使用する食糧、被服などの様々な需品も保有していた。また、部隊が装備する戦車、ミサイルなどの各種武器や施設（工兵）資材などの高度な整備も実施していた。

　当時、中国の脅威が徐々に高まりつつあるなかで、尖閣《せんかく》諸島に侵攻する場合などに備え、沖縄を含む南西諸島正面の兵站能力の拡充を模索していた。

　私は、それまで、普通科中・連隊長や情報部門の勤務が多かったが、九州補給処長の勤務を通じ兵站支援の重要性を深く認識した。

　日本の国花の桜を例に「兵站部隊」についてわかりやすく比喩《ひゆ》すればこうだ。「陸軍の歩兵・砲兵部隊、海軍の艦隊、空軍の戦闘機部隊などの『戦闘部隊』」を「万朶《ばんだ》の桜（多くの枝に咲きそろった桜）」とするなら、「兵站部隊」は「桜の根」に相当する。見事な爛《らん》漫《まん》の桜を咲かせるためには大地に深く広がりを持つ「根」が不可欠なのだ。もしも、モグラなどから根を切断されれば、桜は花どころか木自体が枯れてしまう。
といっても、桜は根だけでは支えきれない。「肥沃《ひよく》な大地」が必要だ。この「肥沃な大地」こそが、マンパワー、財政、資源、工業力などを提供する「国民・国家・政府」なのである。

二〇二〇（令和二）年六月

福山隆

目次

まえがき 2

序章 旧約聖書『出エジプト記』にみる兵站 13

そもそも「兵站」とは何なのか?
世界最古の兵站?

第一章 兵站を読み解くカギ 25

「カギその一」：兵站を心臓・血管・血液・細胞などの譬えで説明する
「カギその二」：内線作戦と外線作戦
——海洋国家米国とユーラシア大陸国家との戦いの基本構図
「カギその三」：マハンのシーパワーの戦略理論と兵站
「カギその四」：ケネス・ボールディングの「力（戦力）の逓減理論」
——戦力は地理的な距離が遠くなればなるほど逓減する
戦史に見るボールディングの戦力逓減の法則
——ロンメルの北アフリカ戦線における戦い

「カギその五」：作戦正面の長さ・面積と兵站の関係――バルバロッサ作戦
「カギその六」：地政学と兵站

第二章 大東亜戦争にみる兵站――海洋国家同士の戦い 73

「一二倍の国力差」があるのに、日本はなぜ日米開戦を決断したのか
石油の一滴は血の一滴――石油という最重要な兵站物資の確保
日米攻防の転換はミッドウェー海戦――勝敗を左右したのは兵站ではなく情報
ガダルカナル島の戦い――日本の戦力・兵站の著しい消耗
最大限膨らんだ風船（日本）はなぜ萎み、遂には破裂してしまったのか
――大東亜戦争を「兵站を読み解くカギ」で考証する
インパール作戦

第三章 海洋国家とユーラシア大陸国家との戦いにみる兵站 139

日露戦争 140

日露戦争の概要
「兵站を読み解くカギ」からみた日露戦争の特質

日露戦争における兵站上重要な事案
日露戦争に備えた日本の情報活動——兵站（衛生を含む）の視点から

朝鮮戦争 209

朝鮮半島の地政学——大陸国家と海洋国家の攻防の地
朝鮮半島の地政学に根差す兵站
開戦当初の米軍・韓国軍の兵站
米国本土から朝鮮半島に対する兵站支援——太平洋を越えた海上輸送
日本を第三策源地とする兵站支援——朝鮮特需
日本における米軍兵器・軍需品の生産など
航空機部門への兵站支援
傷病兵の治療など
中国人民志願軍・北朝鮮人民軍の兵站施設・後方連絡線などに対する戦略爆撃など
ストラングル（絞め殺し）作戦——休戦協定促進のため北朝鮮への空爆
艦砲射撃による後方連絡線の遮断
中国人民志願軍に包囲された米海兵隊第一師団に対する空中投下による補給
仁川上陸作戦の目的は北朝鮮の兵站線の切断——金日成の致命的な油断
中国人民志願軍の兵站
中国人民志願軍の兵站上の弱点に着目したリッジウェイ将軍

北朝鮮の兵站――旧日本軍の軍需工場と徴用工の活用
制限戦争と兵站

ベトナム戦争 250

北爆
ホーチミン・ルート（兵站線）をめぐる攻防戦
カンボジアとラオスに対する地上侵攻
ベトナム戦争は中国〜ソ連〜北ベトナムの危うい関係で成り立っていた
――中ソからの兵站支援途絶のリスクもあった
兵站は戦勝にとって「必要条件」ではあるが「十分条件」ではない
――「人（指揮官・指導者）」が重要な要素

湾岸戦争 280

湾岸戦争は米国の一極支配構造下の戦争――兵站・財政へのインパクト
湾岸戦域（リムランド）に対する米国の兵站――兵站線はシーレーン
短期に終結した湾岸戦争――巨大な兵站の撤退が大仕事に
日本はどう関わったか

あとがきに代えて――新型コロナウイルスとの戦いは有志連合で 306

序章

旧約聖書
『出エジプト記』にみる
兵站

そもそも「兵站」とは何なのか？

読者の皆様には「そもそも、兵站《へいたん》とは何なのか？」という疑問があることだろう。兵站を説明するうえで、最も卑近でシンプルな例として、「小学生の遠足」を取り上げたい。

子供たちは、「自宅」を出るとき、遠足には必ず楽しみの「お弁当」と「おやつ」を持参する。また、「飲み水」も必要だ。私が地元・五島列島の島で行った遠足では、飲み水は湧き水でキイチゴの葉っぱをコーンカップのように丸め、それで掬《すく》って飲んだものだ。芝のうえに座るときには、「敷物」も必要だ。都会の小学校の場合は、全行程歩くこともあるが、一部バス、電車やフェリーなどの「乗り物」を利用することもある。雨の懸念があれば「折り畳み傘」や「雨衣」も必要だろう。冷える可能性があれば、「リュック」のなかに「防寒具」も入れていく。ケガに備え、「絆創膏《ばんそうこう》」を、腹痛には「整腸剤」や「下痢《げり》止め」を……。これらの弁当・おやつ・飲料水、敷物、乗り物、折り畳み傘・雨衣・防寒具、リュック、絆創膏・整腸剤・下痢止め……はすべて軍隊流にいえば、「兵站」＝物の準備なのだ。

このように、「小学生の遠足」といっても、様々なシナリオやリスクを考えれば、尽きない様々な兵站＝物の準備が必要になってくる。たかだかひとりの「小学生の遠足」でさえもこのように用意周到な兵站＝物の準備が必要なのだ。

それが、国家の命運を担う「軍事作戦」を行う場合はどうか。基本的には「小学生の遠足」と同じ発想だ。小学生の「自宅」が、軍隊の場合は「策源地」と呼ばれる国家・国土なのだ。すべての兵站はこの策源地を源とする。

軍事作戦の場合は、「ひとりの小学生」が「数万人の将兵」に変わる。必要な物資は軍需品と呼ばれ、「武器、弾薬や燃料」が大きなウエイトを占める。遠足は日帰りだが、軍事作戦は長期にわたり、自活しなければならない。したがって、軍需品は多種多様かつ大量である。さらに深刻な話をすれば、軍事作戦では国家のために兵士が生命を賭けて戦い、兵站はその成否を左右するという非情なものだ。

遠足の際に様々な環境特性を分析・予測して物の準備をするように、兵站も作戦環境を分析・予測して「しまった、あれがない！」とならないよう、万全の準備をすることが重要だ。万全の兵站がなければ、作戦目的（＝勝利）など達成できない。どんなに優れた作戦計画と優秀な軍部隊があろうと、それを成立させる兵站が伴わなければ作戦は成功しない。兵站は、作戦を支える礎石——建造物の土台となって、柱などを支える石——のようなものだ。

一方、兵站＝物の準備は予算の額で縛られる。すなわち、兵站はすべからく国家予算の枠によって決められる。予算が足りなければ、戦時国債まで発行する。

この「小学生の遠足」をモデルに説明した兵站という概念は、軍事作戦のみならず、個人・家族の生活、社会活動、会社運営、国家経営さらにはパンデミックや自然災害対処においても当てはまる話なのだ。

本書では戦役を通じて「兵站」について説明するが、その際、「小学生の遠足」の話を思い出していただければ、理解しやすいと思う。

世界最古の兵站?

旧約聖書の最初に出てくる『創世記』の後を受け、『出エジプト記』が登場する。『出エジプト記』は、古代イスラエルの民族指導者モーセが、虐《しいた》げられていたユダヤ人を率いてエジプトから脱出する物語を中心に描かれている。

『出エジプト記』はふたつの物語で構成されている。ひとつ目は、モーセがユダヤ人を率いてエジプトから脱出する（逃亡する）物語で、ふたつ目は、シナイ半島にあるシナイ山でのユダヤ民族の唯一の神であるヤハウェとユダヤ民族との契約の物語である。

キリスト教の聖典のひとつである旧約聖書とは、このふたつ目の物語に出てくる神・ヤハウェとユダヤ民族の「古い契約」のことを記したものである。

以下、『出エジプト記』のひとつ目の話「モーセがユダヤ人を率いてエジプトから脱出する物語」のあらすじを簡単に述べ、このなかに出てくる兵站について紹介したい。兵站とは、軍の部隊の戦闘力を維持・増進して作戦を支援するものであるが、モーセ統率のもとにエジプトを脱出し、紅海を渡り、アラビア半島を移動するユダヤ人たちを「軍の部隊」に見立てれば、「ユダヤ人群衆の活力を維持増進し、エジプトからの脱出行を支える」機能はまさに兵站そのものだ。

以下紹介するように、ユダヤ人群衆に対する兵站は、モーセの請願に神が応じる形でなされた。

モーセはユダヤ人のレビ族である父アムラムと母ヨケベドとの間に生まれた。モーセが生まれた当時、エジプト王のファラオは「最近、ユダヤ人増えすぎだろう。これ以上増えても困る。これから生まれてくるユダヤ人の男児は殺してしまおう」と考え「ユダヤ人の男児を殺せ」という命令が出された。

モーセの母親は殺されるはずの彼を救おうとして、パピルスで編んだ籠に入れ、ナイルの岸の葦の間に浮かべた。その籠を川辺で遊んでいたファラオの王女が引き上げさせ、モーセを助けたのだ。なんだか、桃太郎の話に似ている。

赤ん坊は「モーセ」（ユダヤ語で「引き上げる」を意味する）と名付けられ、ファラオの王女が育てた。そして、モーセの姉の機転のおかげで、実の母親であるヨケベドは乳母として王女に雇われることができたのだった。

成長したモーセはある日、エジプト人がユダヤ人を虐待しているところを目撃した。モーセはそのユダヤ人を助けようとしたが、ふとした拍子に誤ってエジプト人を殺してしまった。

この殺人がファラオに伝わり、命を狙われたモーセはミディアンの地（アラビア半島）に逃げ込んだ。そこで出会ったツィポラという羊飼いの女性と結婚し、モーセ自身も羊飼いとしてそこで暮らした。この逃亡の経験がのちにユダヤ民族を率いて集団で脱出する際に土地勘や水の在処の知識などに生かされたのだろう。

モーセと兵站その一：モーセがエジプトからアラビア半島にかけての地理を頭のなかに叩

き込んだのか、あるいはパピルス紙や羊皮紙に記したのかは定かではないが、「地図」や「水」は兵站の一部に含まれている。陸上自衛隊の兵站では補給品を「第一種」から「第十種」に一〇種類に区分して管理するが、「地図」と「水」はどれにも属さない「その他」として、「第十種補給品」というカテゴリーに入っている。

羊飼いとして平穏に暮らしていたモーセはある日「燃える柴」のなかから神に語りかけられ、次のようなやり取りをする。

「モーセよ、そなたには使命がある。ユダヤ人を約束の地へと導くのじゃ」

「な、なんと！」

「大丈夫！　そなたならできる！　もしそなたが民から預言者として能力を疑われてしまったときのためにわたしから三つのしるしを与えよう」

神はモーセに『杖がヘビになる』『手が癩病《らいびょう》（レプラ）で雪のように白くなる』『ナイル川の水が血に変わる』の三つの奇蹟（神の力によって起きる不思議な出来事）を与えた。

神から使命を受けたモーセはさっそく兄のアロンと共にファラオに会いに行き、ユダヤ人がエジプトから退去する許しを求めた。モーセは自分が神に託された預言者であることを告げ、その証拠として杖をヘビに変えてみせた。しかし、ファラオは驚かず、ユダヤ人がエジプトを出ることを認めなかった。

モーセは次の手として『ナイル川の水が血に変わる』奇蹟を使った。これにより、神がエジプトに対して課す『一〇の災い』が始まった。ナイル川の水が血に変わり、カエル、ブヨ、アブ、バッタが大発生し、家畜に疫病が流行り、人々に腫れものが生じ、雹《ひょう》が降り、暗闇がエジプトを覆い、エジプトの長子が皆殺しになった。

最後の「長子が皆殺し」には、ファラオの息子も入っており、すべてのエジプトの初子が無差別に殺害された。この惨劇にはさすがのファラオも恐れをなし、ようやくユダヤ人たちがエジプトを出ることを認めた。

モーセと兵站その二：「家畜に疫病が流行り、人々に腫れ物が生じ」という「ふたつの災い」は、現代戦では「細菌戦」に当たるが、これに対処する「衛生」は兵站の一部である。

余談だが、筆者は、中国で発生した新型ウイルスについて、「神はいかなる啓示を人類に与えているのだろうか」と自問するところである。

エジプト出発の夜、ユダヤ人たちは神さまの指示通り、子羊の肉と酵母を入れないパン（タネなしパンと呼ばれる）を食べた。神はこの出来事を記念として今後も同じ神事（年中行事）を行うように命じた。それが現在でもユダヤ教徒が祝う『過越祭《すぎこしのまつり》』――奴隷状態にあったユダヤ民族のエジプト脱出を記念する。神がエジプト中の初子を殺したとき、仔羊《こひつじ》の血を門口に塗ったユダヤ人の家だけは幸いが過ぎ越したという故事にちなむ――なのだ。

そしていざモーセを含めたユダヤ人がエジプトを出るときになると、ファラオは心変わりをして、戦車と騎兵からなる軍勢を差し向けた。エジプト軍がモーセ率いるユダヤ人たちを追撃してきた。懸命に逃げるモーセたちの目の前に絶望的な光景が広がった。紅海が行く手を遮っているのだ。絶体絶命。そのとき、モーセが手にしていた杖を振り上げると、海の水は大きく割れ、海底が見えた。人々は急いで海を渡った。あとを追ってきたファラオの兵は海を渡ることができず、そのまま海に飲みこまれた。

その後も荒野の旅は続き、試練の連続だった。彼らはマラという地に来たが、マラの水は苦くて飲むことができなかった。人々がモーセに不平を言うと、モーセは神に向かって何かを叫んだ。すると、神は一本の木を示されたので、その木を水に投げ込むと、苦い水はたちまちに甘くなった。

人々はさらに食糧不足をモーセに訴えた。モーセが神に呼ばれると、神は「私は天からパンを降らせる。あなたたちは夕暮れには肉を食べ、朝にはパンを食べて満腹になる」と言われた。

夕方になると、ウズラが飛んできて宿営地を覆い、朝には、宿営地の周りには露が下りた。この露が蒸発すると、地表を覆っていたものが、霜のように薄く残っていた。それはコリアンダーの種子に似て白く、蜜の入ったウエハースのような味がした。ユダヤ人たちはこれをマナと名付けた。人々は、カナン地方の国境に到着するまでウズラとマナを食べ、命をつなぐことができた。

カナン地方とは、地中海とヨルダン川・死海に挟まれた地域一帯の古代の地名である。聖書では「乳と蜜の流れる場所」と描写され、神がアブラハムの子孫（ユダヤ人）に与えると約束した土地であることから、「約束の地」とも呼ばれる。

シンの荒野――シナイ半島の南西部、カディムの西方にあるディベト・エル・ラムレ付近の荒野と推定――を出発し、レフィディム――ユダヤ人が紅海からシナイ山へ進む途中で宿営を張った場所のひとつ。どこにあったかは定かでない――に宿営したとき、そこには飲み水がなく、人々は渇きに苦しみ、モーセに不平を言った。モーセが主に向かって叫ぶと、神は「モーセよ、杖をとって、私の立つホレブの岩を打て！」と命じた。モーセがその通りにすると、岩の間から水がほとばしり出て、人々は渇きをいやすことができた。

モーセと兵站その三：軍事作戦では、軍需物資の供給源のことを策源地（通常は本国）と呼ぶ。モーセが率いるユダヤ人はエジプトから脱出（逃避）した瞬間から策源地を失い、生きる糧（兵站）はすべて神の御業《みわざ》に委ねられた。神がモーセの願いを聞き入れ、「苦い水を甘い水に」変え、飢えた人々にウズラの肉とマナと呼ばれる「天からのパン」を授けられた。また、人々の渇きに対しては岩の間から水を湧出させた。神がモーセに応えて起こされたこれらの奇蹟は、兵站そのものである。『出エジプト記』には書かれてはいないが、移動のためのラクダなどを使う輸送（子供や弱者・荷駄用）支援、宿営のための施設建設、炊事のための燃料の補給、人々の健康管理のための衛生支援、被服の補給や洗濯・整備（着のみ着のままでは困る）などユダヤ人たちの集団行動には不可欠の機能であるが、これらはすべて兵站である。兵站なくして、出エジプトは成功しなかったであろう。

大集団（軍部隊）の作戦行動を下支えする兵站は、神の御業により初めて可能になるほど、とてつもなく難しいことなのである。モーセ率いるユダヤ人の集団が、もしも神のご

加護（兵站）がないままアラビア半島への逃避行を敢行していたら、その経路上には夥《おびただ》しい数のユダヤ人の〝干物〟が残されていただろう。もしそうなっていたら、ユダヤ人の歴史は大幅に変わり、今日イスラエルは存在せず、ノーベル賞受賞などの傑出したユダヤ人の活躍も見られなかったかもしれない。兵站は「神の御業」に相当するくらい難しい仕事であり、軍隊が国家のために戦ううえで、必要かつ不可欠な機能なのである。

第一章

兵站を読み解くカギ

以下の説明は、筆者が戦史から分析して得た、「兵站《へいたん》の本質」に関わるものである。これらをご理解いただければ、あとから述べる各戦史に登場する兵站の役割などについての理解が得やすいものと思う。以下述べる兵站の本質は、「兵站を読み解くカギ」と呼ぶこととし「カギその一」から「カギその五」までの五個のカギを読者に提供したい。

ここで、本書の基本的な立場について申し上げたい。あとで兵站の見地から分析・説明する戦役は、海洋国家同士の戦争が一件（大東亜戦争）、海洋国家と大陸国家の戦争が四件（日露戦争、朝鮮戦争、ベトナム戦争、湾岸戦争）である。すなわち、筆者は本書において「海洋国家と大陸国家の兵站」に重点を置いて戦役を分析・説明することとした。

その理由の第一は日本の地政学的特性である。海洋国家である日本の安全保障は、中国や北朝鮮・韓国などの大陸国家と向き合わなければならないからだ。第二の理由は、世界の安全保障は海洋国家の米国と大陸国家の中国・ロシアの対立というのが当面の基本構図だからだ。

したがって、いまから説明する「兵站を読み解くカギ」は、単なる兵站の本質だけではなく「海洋国家と大陸国家の兵站の本質」についても説明を加えたものである。

「カギその二」：兵站を心臓・血管・血液・細胞などの譬えで説明する

兵站を理解するためには、心臓・血管・血液・細胞を例にした譬《たと》えがわかりやすい。心臓は大量の血液を血管を使って送り出す仕事をしている。兵站では、心臓に相当するのが策源地（または策源）である。策源地とは、前線の作戦部隊に対して、補給、整備、回収、交通、衛生、建設などの兵站支援を行う後方基地（根拠地）のことである。策源地は、通常、作戦部隊を送り出している国家のなか（本国・本土）にある。

米国の策源地は「象の心臓」に譬えられるほど巨大であるが、中小国家の策源地はせいぜい「犬や猫の心臓」程度である。

心臓が大動脈・大静脈からだんだん細くなり毛細血管まで一貫してつながっているように、兵站も国家の策源地から前線の作戦部隊の一兵士に至るまで継続・一貫した輸送路（道路、鉄道、海路、空路など）で連結されている。

心臓から送り出される血液は、血管を通って――最終的には毛細血管から――細胞へ酸素、水などの無機質の栄養素、血漿《けっしょう》タンパク質、アミノ酸やホルモン・ビタミン類を体内各所に運び、その後は二酸化炭素、尿素、アンモニアなどの老廃物を回収して肺や腎臓に運ぶ。この血液に含まれる様々な成分により、人間の細胞の生命が維持されエネルギーが生み出され、人間全体の生命活動が可能になる。

兵站も策源地（国）から血管に相当する道路・鉄道・海路・空路などの兵站線を使い、前線の作戦部隊に対して必要な補給、整備、回収、交通、衛生、建設などの支援を行う。それにより、最終的には細胞に相当する兵士にまで様々な物資やサービスが行きわたるようにする。兵士にまで兵站が行きわたることで前線の作戦部隊が戦闘力を維持し、作戦を行えるようになる。

血管が詰まれば、脳梗塞や心筋梗塞が引き起こされ、糖尿病で毛細血管が壊れると酸素や栄養が細胞に行きわたらずに細胞や身体の一部が壊死する。それと似たように、兵站線がゲリラや航空攻撃などで破壊されれば前線の作戦部隊は飢えに苦しんだり、砲弾がなくなったりして、戦えない事態となる。

その様相は、ガダルカナル島の戦いを見れば明らかである。日本軍は、大量の輸送船が米海軍の潜水艦や航空攻撃などにより撃沈されたことで、島に上陸した部隊への補給ができなくなった。最終的にガダルカナル島に上陸した日本軍は三万六二〇〇人。うち撤退できたものは約一万人、死者・行方不明者は二万人余にものぼった。このうち、戦闘での死者は八五〇〇人くらいで、残りは餓死とマラリアなどによる戦病死だったといわれる。

なお、兵站を心臓・血管・血液・細胞などの譬えを用いて、海洋国家と大陸国家の違い・特色について述べよう。海洋国家の兵站は「策源地（本国・本土）＝心臓」から送り出された「兵站物資（軍需品）＝血液」を「シーレーン——通商航路＝兵站線——上を運搬する輸送船団＝大動脈」によって「作戦地域の港＝大動脈の端末」にまで運ぶ。その後は「列車やトラックなどの陸上輸送＝大動脈から枝分かれした動脈」で前線の作戦地域の「兵站拠点＝内臓や体の各部位」にまで運び、そこからさらに「枝分かれした兵站線＝毛細血管」により、「各部隊・兵士個人＝細胞ブロック・細胞」にまで「武器・弾薬・食糧などの兵站物資＝酸素や栄養など」を送り届けるパターンとなる。

一方の大陸国家の兵站は「策源地（本国・本土）＝心臓」から送り出された「兵站物資（軍需品）＝血液」を「列車やトラックなどの陸上輸送＝大動脈」で前線の作戦地域の「兵站拠点＝内臓や体の各部位」にまで運び、そこからさらに「枝分かれした兵站線＝毛細血管」により、「各部隊・兵士個人＝細胞ブロック・細胞」にまで「武器・弾薬・食糧などの兵站物資＝酸素や栄養など」を送り届けるパターンとなる。

このように、大陸国家の兵站は、海洋国家の兵站に比べ、「シーレーン上を運搬する輸送船団＝大動脈」によって「作戦地域の港＝大動脈の端末」まで運ぶというプロセスが必要ないわけだ。

「カギその二」：内線作戦と外線作戦
――海洋国家米国とユーラシア大陸国家との戦いの基本構図

「内線作戦」とは、図1のように、複数の軍部隊が後方拠点（策源地）と一本の鉄道や道路（後方連絡線・兵站線）で結ばれた状態で、外周から進撃して来る敵に対して行う作戦のことをいい、「外線作戦」とは、それぞれ独自の連絡線で後方拠点（策源地）と結ばれたふたつ以上の軍の部隊が、敵を挟み込む（包み込む）形に展開して作戦する状態をいう。

米国が中国、ロシア、イラン、イラクなどの大陸国家と戦争をする場合は、地政学的には外線作戦を実施することになる。なぜなら、米国がこれらユーラシア大陸の国々に攻撃を仕かける場合は、太平洋・大西洋・地中海・インド洋などを越えて大陸国家を外側から包み込むように作戦を行うことになるからだ。攻撃方向の選択肢は図を見ればわかる通り複数存在する。例えばもし米中戦争が起これば、米国は極東正面、朝鮮半島正面、台湾正面、香港正面、東南アジア正面、中央アジア正面、モンゴル正面など複数の作戦正面を活

図1　内線作戦と外線作戦

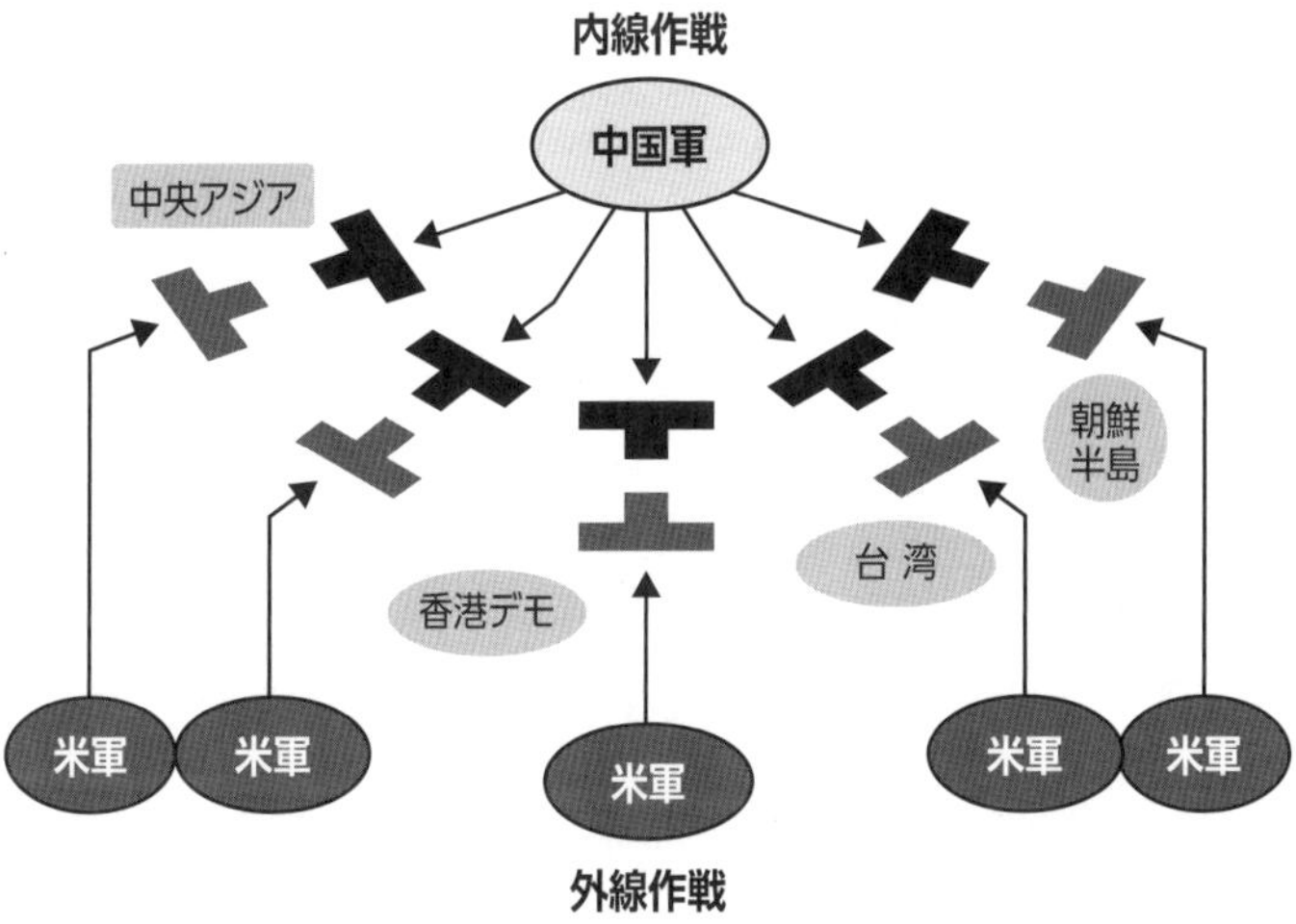

用できる。

一方の中国などの大陸国家は、国家の政経中枢を策源地として、外周（空中から）から攻撃してくる海洋国家に対して、外側に向かって防衛作戦を展開するという構図になる。

このように、内・外線作戦は、関係国の地理的な相対的位置関係――地政学――により決まる。

兵站の見地から内・外線作戦について見てみよう。

第一に、広大な海洋を超えて外線作戦を行う海洋国家は「大量の血液＝兵站」を送り出す巨大・強力な「心臓＝策源地」が不可欠である。それゆえ、米国を例に取れば、パクス・アメリカーナ（米国による平和）を維持するためには大陸国家を圧倒する経済・産業力が不可欠である。もしも、米国が経済・産業力で中国に遅れを取れば外線作戦（米中覇権争い）は成り立たない。

第二に、海洋国家が兵站線を海洋に設けるためには強大な海軍・空軍による制海・空権を確保する必要がある。第三に、膨大な兵站の海上輸送のためには巨大なトン数の高速輸送船（商船）団を保持しなければならない。

これらのことは、戦略家アルフレッド・セイヤー・マハンが『海上権力史論』で述べているところである。

「カギその三」：マハンのシーパワーの戦略理論と兵站

米国は大西洋沿岸の英国植民地が一七七六年に一三州で独立し、その後太平洋に向かって版図を広げ、大西洋と太平洋にまたがる超大国の体裁を確立した。当時、米国の指導者たちは何を考えたろうか。恐らく「今後、旧大陸の欧州・アジア諸国といかに関わるべきか？　米国が世界に冠たる国家に成長するためにはどうすればよいか？」と自問したはずだ。言い換えれば、「出来あがったばかりの米国という『巨体』に吹き込む『魂』あるいは、今風に言えば『カーナビ（米国にとっての戦略的な羅針盤）』を探すこと」だった。まさにそのタイミング――一八九〇年――に、米国の「魂」のひとつとなるマハンの『海上権力史論』が世に出た。シーパワーについての戦略理論を説いた『海上権力史論』は、世界の超大国に発展する潜在力を秘めた米国の「大戦略（グランド・ストラテジー）指南書」に相当するものである。『海上権力史論』の価値はいまも色褪《あ》せることなく、今日のパクス・アメリカーナを維持するための「戦略指南書」であり続けている。

　マハンの地政学について最も簡単に表現すれば、「海（シーレーン）と船（商船と軍艦）の地政学」といえよう。因みに、あとで述べるが、マハンと対照的な地政学説を唱えるハルフォード・マッキンダーのそれは、「陸と鉄道・貨車の地政学」といえるのではないだろうか。いずれもその仮説の根幹には輸送手段（兵站）が基をなしている。

　米国の地政学上の最大の特色は「広大無辺の太平洋と大西洋を隔てて、アジアとヨーロッパ（ユーラシア大陸）に向きあっていること」である。これにより、軍事上、経済・通商上克服しなければならない課題は次の通りである。

　第一に、米国が国を富ませ発展させるためには旧大陸の諸国家と通商を行う必要があり、そのためには大量の商船が必要である。商船を運航するためには、船員の育成と造船業の振興、港湾の整備などが必要となる。また、当然、通商を行う相手国内の港湾にアクセス権を持たなければならない。

第二に、商船を防護し、通商の相手国に睨《にら》みを利かせる（砲艦外交）ためには、強大な海軍の建設が不可欠となる。米国の海軍は、アジアとの通商を維持・防護するためと、ヨーロッパ列強による大西洋を超えた侵略に対する防護のために必要となった。

第三に、米国はアジアとヨーロッパに至る長大なシーレーンを確保する必要があった。なお、大西洋においては、米国が独立する頃には、既に、英国やスペインなどがシーレーンを確立していた。米国は新たにアジア向けのシーレーンの開拓・構築を急ぐ必要があった。このシーレーンのことを太平洋ハイウェイと呼んだ。このシーレーン上にはいわば高速道路にドライブイン＝サービスエリア（SA）を設けるように、基地を設ける必要があった。基地は商船のみならず、むしろ海軍のためのものでもあり、石炭・弾薬などの補給や軍艦修理などの機能が必要だった。このため、ハワイやグアム、さらにはフィリピンなどに基地を置く必要が生じ、米国はやがてそれを実現した。

マハンのシーパワーの戦略理論は、視点を変えれば、米国が両大洋上に巨大な兵站線＝シーレーン（平時の通商にも活用）を構築することを意味した。

「カギその四」：ケネス・ボールディングの「力（戦力）の逓減理論」——戦力は地理的な距離が遠くなればなるほど逓減する

日本に多数存在する米軍基地の理論的な背景には、上記のマハンのシーパワーの戦略理論のほかに米国の経済学者のケネス・ボールディングの「力（戦力）の逓減（Loss of Strength Gradient）理論」も反映させている。ボールディングは次のように述べ、遠方に戦力を投射するうえでの基地の重要性を指摘している。

・世界のいかなる場所にでも投入できる一国の軍事力の量は、その国と軍事力を投入する場所の地理的な距離により左右される。目標地域への地理的な距離が遠くなればなるほど、活用できる戦力は逓減する。

・複数の前線基地（forward positions）の活用により、「力（戦力）の逓減」は改善できる。

図2は、米国を例に取って「力（戦力）の逓減理論」を説明するためのイメージ図である。

図2　力（戦力）の逓減

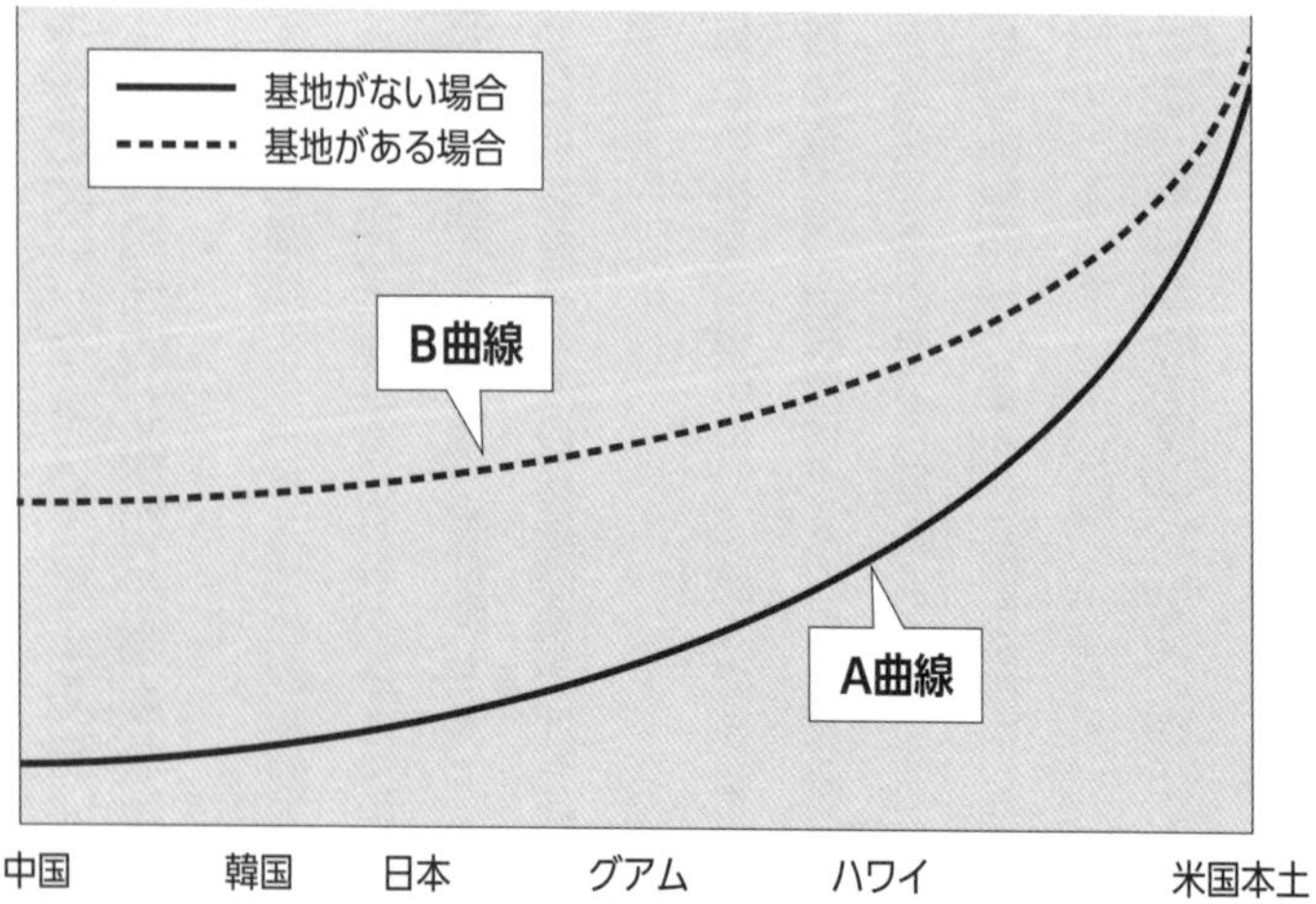

基地がない場合のA曲線は、米国を離れれば離れるほど（横軸）戦力の低下（縦軸）が著しい。反対に、ハワイ、グアム、日本、韓国などに基地を設定した場合のB曲線は、A曲線に比べ戦力の低下が穏やかになる。その理由は、本国（策源地）から離れれば離れるほど、急激に低下するはずの戦力（兵站も）がハワイ、グアム、日本、韓国などの基地の機能によって底上げされるためである。

このボールディングの理論は誰もが理解しやすいのではないだろうか。戦争する軍隊は、本国に近ければ近いほど兵站も届きやすく、増援の兵力も期待できるからだ。反対に本国から遠く離れた場所で戦えば、兵站支援も兵力の増援も困難になるのは自明の理というべきだろう。海洋国家の米国にとって海外に展開する基地がいかに重要であるかがわかるだろう。

基地の兵站面の機能について、佐世保米軍基地を例に説明しよう。佐世保基地は、海外で唯一の強襲揚陸艦（海兵隊の兵力を輸送し、主にヘリコプターを利用して上陸させる能力を持った艦艇）の拠点で、強襲揚陸艦ボノム・リシャール（四万一五〇〇トン）をはじめ四隻の揚陸艦（上陸作戦時、兵士や車両などを海岸に揚げるために設計・建造された艦艇）、二隻の掃海艦（海中に敷設された機雷の排除を任務とした艦艇）の母港である。強襲揚陸艦は、乗組員約一二〇〇名、海兵隊員約一八〇〇名を収容し、「殴りこみ」戦闘の最前線に立つ艦船である。

佐世保基地に配備された揚陸艦は、沖縄の海兵遠征隊、岩国の海兵航空群の部隊を搭載し、一体となってイラクやアフガニスタンなどに出撃する遠征打撃群を構成している。佐世保基地は作戦行動の際には、横須賀の第七艦隊の指揮下に入り、「燃料貯蔵、弾薬貯蔵、船舶修理、乗組員の休養」など四つの分野で艦船に対する兵站支援活動を任務としている。

同基地の弾薬貯蔵については、一〇〇〇億円以上の日本の予算を投入して佐世保市内の前畑弾薬庫の機能を同・針尾弾薬庫に集約・近代化し、弾薬貯蔵量四万ｔという巨大な弾

図3　在日米軍の配置

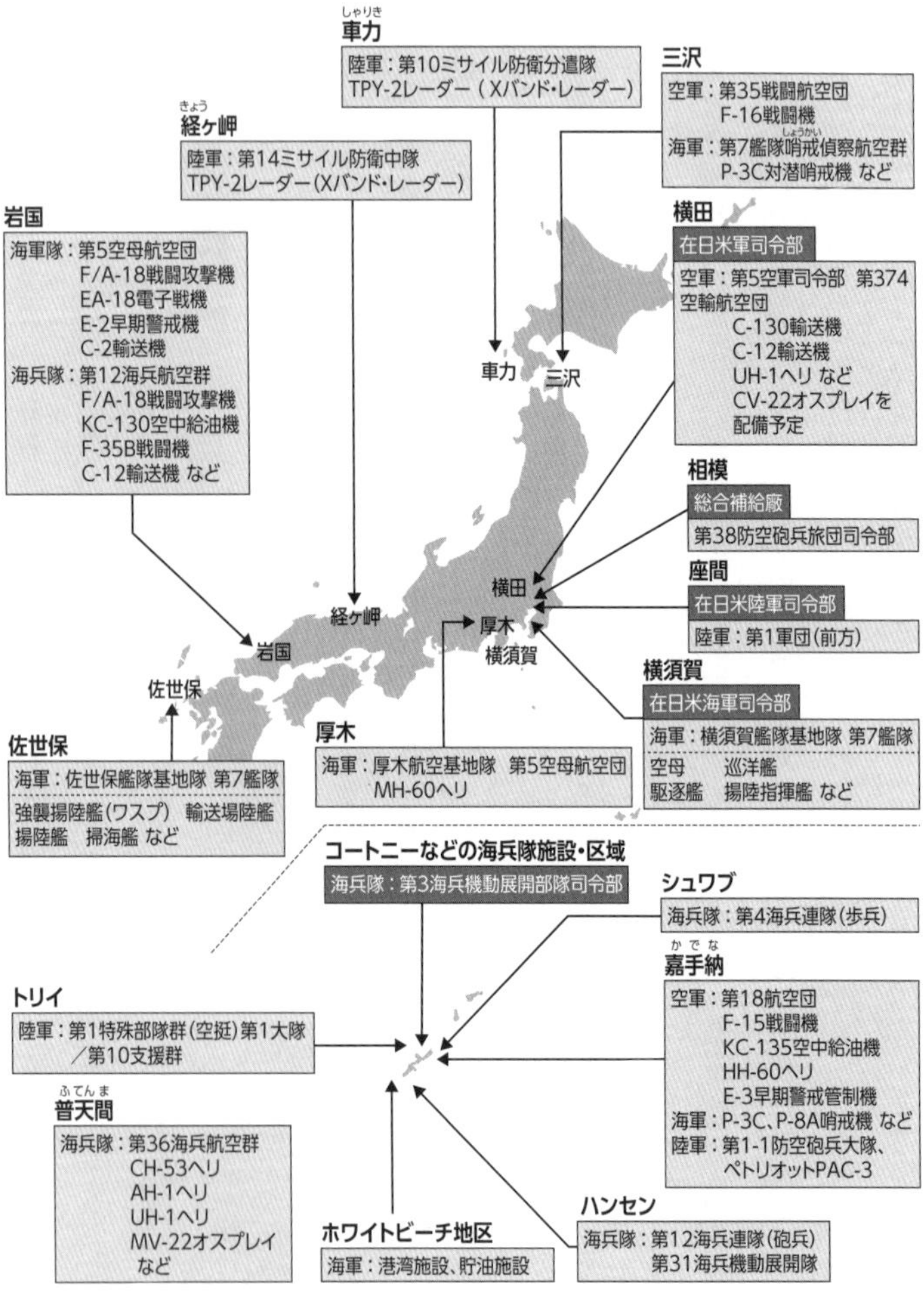

車力《しゃりき》
陸軍：第10ミサイル防衛分遣隊
TPY-2レーダー（Xバンド・レーダー）
三沢
空軍：第35戦闘航空団
F-16戦闘機
海軍：第7艦隊哨戒《しょうかい》偵察航空群
P-3C対潜哨戒機 など
経《きょう》ヶ岬
陸軍：第14ミサイル防衛中隊
TPY-2レーダー（Xバンド・レーダー）
岩国
海軍隊：第5空母航空団
F/A-18戦闘攻撃機
EA-18電子戦機
E-2早期警戒機
C-2輸送機
海兵隊：第12海兵航空群
F/A-18戦闘攻撃機
KC-130空中給油機
F-35B戦闘機
C-12輸送機 など
横田
在日米軍司令部
空軍：第5空軍司令部 第374空輸航空団
C-130輸送機
C-12輸送機
UH-1ヘリ など
CV-22オスプレイを配備予定
車力
三沢
相模
総合補給廠
第38防空砲兵旅団司令部
座間
在日米陸軍司令部
陸軍：第1軍団（前方）
横田
経ヶ岬
厚木
横須賀
岩国
佐世保
横須賀
在日米海軍司令部
海軍：横須賀艦隊基地隊 第7艦隊
空母　巡洋艦
駆逐艦　揚陸指揮艦 など
佐世保
海軍：佐世保艦隊基地隊 第7艦隊
強襲揚陸艦（ワスプ）　輸送揚陸艦
揚陸艦　掃海艦 など
厚木
海軍：厚木航空基地隊　第5空母航空団
MH-60ヘリ
コートニーなどの海兵隊施設・区域
海兵隊：第3海兵機動展開部隊司令部
シュワブ
海兵隊：第4海兵連隊（歩兵）
嘉手納《かでな》
空軍：第18航空団
F-15戦闘機
KC-135空中給油機
HH-60ヘリ
E-3早期警戒管制機
海軍：P-3C、P-8A哨戒機 など
陸軍：第1-1防空砲兵大隊、
ペトリオットPAC-3
トリイ
陸軍：第1特殊部隊群（空挺）第1大隊
／第10支援群
普天間《ふてんま》
海兵隊：第36海兵航空群
CH-53ヘリ
AH-1ヘリ
UH-1ヘリ
MV-22オスプレイ
など
ホワイトビーチ地区
海軍：港湾施設、貯油施設
ハンセン
海兵隊：第12海兵連隊（砲兵）
第31海兵機動展開隊

『防衛白書』等を加工して作成

薬庫を整備する計画が進行中である。また、米第七艦隊七〇隻が三ヶ月間軍事作戦を行える貯油所が、横瀬、庵崎、赤崎地区におかれている。

図3は在日米軍の配置である。図には示されていないが、このほかに弾薬庫や貯油施設など兵站関連施設が多数配置されている。

在日米軍基地の兵站面における機能は、第一に兵員の休養と兵員家族の生活基盤を提供することである。その実態の一例として、キャンプ座間――神奈川県座間市と相模原市南区にまたがる米陸軍の基地――に行ってみればわかる。公立小・中・高、大学（米国防総省管轄）、教会、消防署、託児所、病院、図書館、ＰＸ（軍隊内で飲食物、日用品などを売る店）、ゴルフ場、フード・コート（ピザやステーキが楽しめる）、理容室、スポーツ・ジム、ボウリング場などが完璧にそろっており、日本のなかに治外法権の米国の生活空間がある。

第二の機能は、各種弾薬・燃料の補給、艦船・航空機など各種武器の修理（米海軍艦船の場合米海軍佐世保基地・横須賀基地艦船修理廠《しゅうりしょう》）、軍需品の調達（日本国内から）などである。

有事に米軍基地がいかに活用されるかについては、第三章の朝鮮戦争の項で述べる。

戦史に見るボールディングの戦力逓減の理論
――ロンメルの北アフリカ戦線における戦い

ボールディングの「世界のいかなる場所にでも投入できる一国の軍事力の量は、その国から軍事力を投入する場所までの地理的な距離により左右され、目標地域への地理的な距離が遠くなればなるほど、活用できる戦力は逓減する」という理論は、簡潔に言いかえれば「戦場が策源地（本土や基地）から遠くなるほど戦力は減少する」ということだ。

この理論を兵站面から考えてみよう。策源地から近い順にA（四〇〇km）、B（一〇〇〇km）、C（一二〇〇km）、D（一八〇〇km）の四つの戦場がひとつの兵站線の上にあるという前提だ。（　）内に示す距離は策源地（基地）からの距離とする。

輸送手段として一〇t積みトラックが一〇〇台あり（一回につき一〇〇〇tの輸送が可能）、時速六〇kmで一日二四時間稼働し（実際は不可能）、三日間で輸送できる物資の量を計算してみよう。当然のことだがトラックは策源地（基地）と戦場を往復する。また輸送を妨害するものは何もないという前提だ。

一台のトラックが休みなしに三日間で走行できる距離は、六〇km×二四時間×三日で、

図4 独軍北アフリカ戦線の策源地と戦場の距離

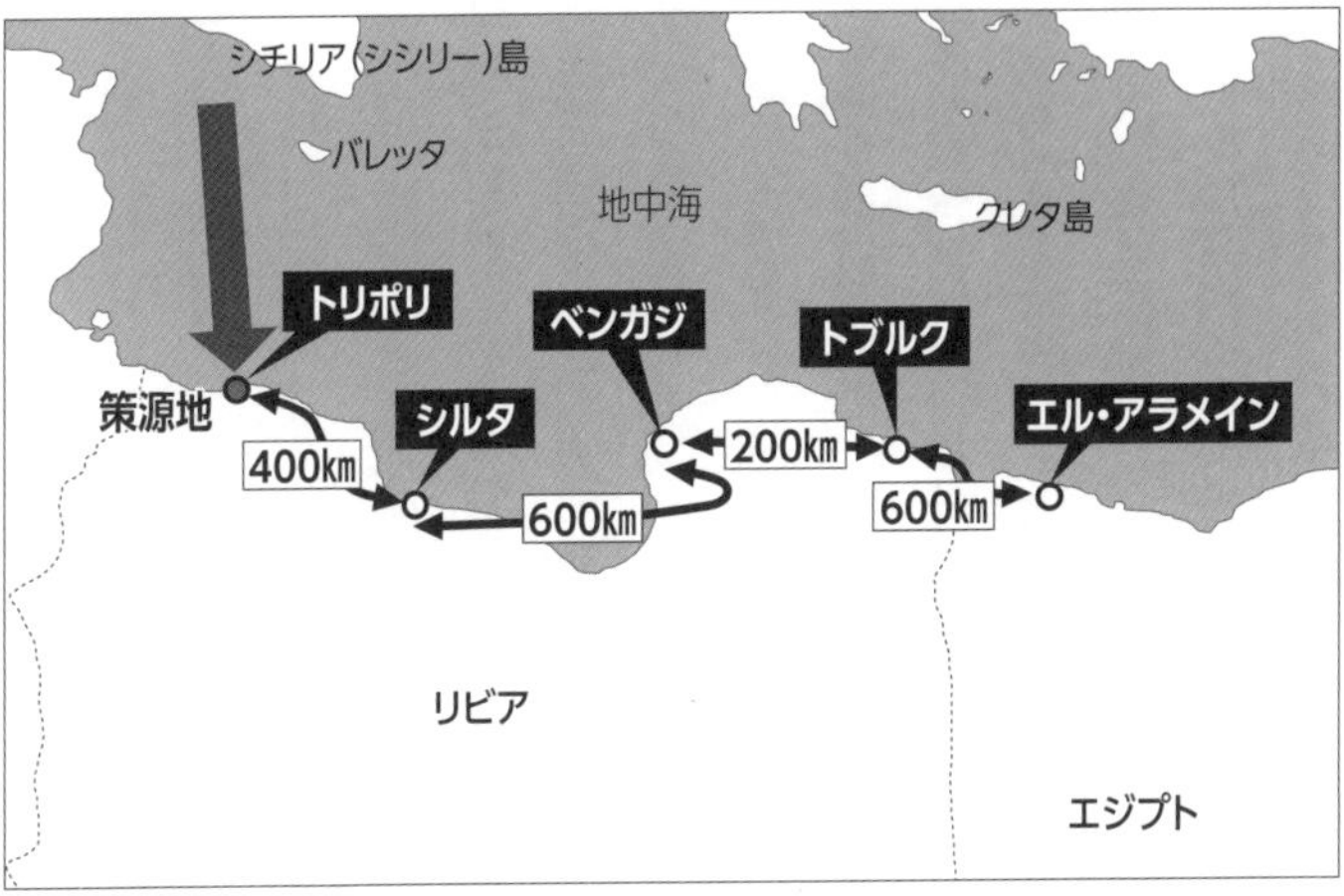

四三二〇kmとなる。

策源地（基地）と戦場の距離をLとすれば、トラックが戦場まで一往復するには二Lkm走らなければならない。したがって、A（四〇〇km）、B（一〇〇〇km）、C（一二〇〇km）、D（一八〇〇km）の四つの戦場までの往復できる回数は、四三二〇km÷二Lkmとなる。

この計算によれば、戦場A（四〇〇km）には五回往復し五〇〇〇t、戦場B（一〇〇〇km）には二回往復し二〇〇〇t、戦場C（一二〇〇km）には一回往復し一〇〇〇t、戦場D（一八〇〇km）には一回往復し一〇〇〇tが届けられることになる。

現実には、ドライバーが二四時間運転し

つづけるのは不可能であり、トラックへの給油や整備も必要だ。また、積み荷の積載や荷下ろしについては計算に反映されていない。しかし、ボールディングの「戦場が策源地から遠くなるほど戦力は減少する」という説は、この計算のように兵站補給面で明らかに理解できる。

じつは、戦場のA（四〇〇km）、B（一〇〇〇km）、C（一二〇〇km）、D（一八〇〇km）は、「砂漠の狐」と呼ばれたドイツ陸軍の名将エルヴィン・ロンメルが戦った北アフリカ戦線地域を想定したものである。策源地を北アフリカのトリポリとし、以下、A：シルタ、B：ベンガジ、C：トブルク、D：エル・アラメインである（図4）。

ロンメルの指揮統率・作戦は極めて素晴らしかった。エル・アラメインで敗れるまでの陣頭に置ける状況判断、作戦指揮などは完璧である。英首相チャーチルをして「ナポレオン以来の戦術家」とまで評せしめたのも頷《うなず》ける。

もしも、ヒトラーがロンメルの積極攻勢を活用して、兵站面などで支援し、エジプトから英軍を駆逐していれば、スエズ運河——アジアと欧州をつなぐ要路であり兵站の要所である。とくに英国にとってはエジプトからインドへ至る航路は生命線——を切断し、連合国側に大きなダメージを与えることになったことだろう。しかし、当時ヒトラーの関心はバルバロッサ作戦（対ソ戦）にあり、ロンメルが戦術的に成功（勝利）しても、ヒトラーの戦略には寄与しなかっただろう。

イスラエルの歴史学者・軍事学者であるマーチン・ファン・クレフェルトの指摘を待つまでもなく、ロンメルの作戦には兵站面で致命的な欠陥があった。この欠陥は、ロンメルの天才的な作戦手腕をもってしても覆すことはできず、エル・アラメインの戦いで敗退する結果となった。

クレフェルトは著書の『補給戦――何が勝敗を決定するのか』（佐藤佐三郎訳　中公文庫）で、ナポレオン戦争からノルマンディー上陸作戦までの戦争を「補給」の観点から分析し、戦争の勝敗は補給によって決まることを明快に論じている。同書第六章では「ロンメルは名将だったか」というタイトルでロンメルの北アフリカ戦線の戦いを兵站面から分析している。クレフェルトは、ロンメルの戦いについて以下のように結論付けている。

〈ドイツ国防軍が一部しか自動車化されず、本当に強力な自動車産業によって助けられていなかった以上、また政治的事情のためにイタリア軍という無用の重荷を負わなければならなかった以上、あるいはリビアの港湾能力が低く運搬距離が非常に遠かった以上、ロンメルの戦術的天才をもってしても、枢軸国軍（引用者注：ドイツ・イタリア軍）の中東進撃を補給する問題は解決不可能だったことは明らかだ。このような状況の下では、北アフリカでは限られた地域を守るために部隊を送るのだというヒットラーの最初の決定は正しかった。そしてロンメルが再三にわたってヒットラーの命令に挑戦し、基地からの適当な距離を越えて進撃を試みたことは誤りであって、決して黙認すべきことではなかったであろう。〉

クレフェルトの結論の核心部分は〈ロンメルの戦術的天才をもってしても、枢軸国軍の中東進撃を補給する問題は解決不可能だったことは明らかだ。〉というところだろう。この、クレフェルトの結論は、ボールディングの〈戦場が策源地から遠くなるほど戦力は逓減する。〉という説を兵站補給面で裏付けるものだ。

これまでロンメルの北アフリカ戦線における地中海沿岸の戦いを例に「線的な戦力・兵站の減少」について説明したが、次は「面的な戦力・兵站の減少」について、バルバロッサ作戦を例に説明しよう。

「カギその五」：作戦正面の長さ・面積と兵站の関係――バルバロッサ作戦

バルバロッサ作戦は、第二次世界大戦中の一九四一年六月二二日に開始された、ドイツによるソ連奇襲攻撃作戦の秘匿名称である。作戦名は神聖ローマ帝国皇帝フリードリヒ一世のニックネーム「Barbarossa」（イタリア語のbarba「あごひげ」+rossa「赤い」）に由来する。フリードリヒ一世は民間伝承では現在も眠り続けており、ドイツに危機が訪れたときに目覚めて、再び繁栄と平和をもたらすとされる。それにあやかっての命名である。

一九四一年六月二二日未明、ナチス＝ドイツ軍は突如大兵力をソ連領に侵攻させた。ドイツは、英国と交戦中であり、非交戦国とはいえ英国を支援している米国という大国が存在していた。そんななか、ソ連と事を構えて二正面作戦を開始することは不利であるが、軍人ではないヒトラーはそのような軍事原則には拘泥しなかった。

ヒトラーはもともと共産主義とは相容れない思想を持ち、またロシア人を劣等民族として軽蔑していた。いずれにせよこの決断は、第二次世界大戦の行方を決する方向転換であった。

攻撃を開始したドイツ軍は、スターリンのソ連軍を蹴散らして進撃し、ミンスク、スモレンスク、キエフなどでソ連軍に大損害を与えながら、レニングラード、モスクワ、スターリングラードの目標に迫った。

ドイツ軍は、一九四二年八月からヴォルガ河畔のスターリングラードを包囲し、独ソ戦の最大の山場であるスターリングラードの戦いとなった。ドイツ軍が激しい抵抗を受けて市内への突入ができないでいるうち、ソ連軍はその外側から逆に第六軍を主軸とするドイツ軍を包囲し、孤立したドイツ軍は補給が途絶えたため撤退を図ろうとした。しかしながらヒトラーはそれを許さず、結局ソ連軍の猛攻によって翌年の二月二日、ドイツ軍は降伏した。この戦いは、独ソ戦の趨勢《すうせい》を決し、第二次世界大戦の全局面における決定的な転換点のひとつとなった。

モスクワ正面においては、一九四一年一二月に到達したが、戦線は延びきり、兵力不足からドイツ軍はモスクワ入城ができなかった。

かのナポレオンのモスクワ遠征と同じように、ドイツ軍も「冬将軍」に阻まれたのだった。スターリンら指導部は、戦線と工業生産地域を東方に後退させながら、この戦争を「大祖国戦争」と称してスラブ民族の危機であると国民に訴え、抵抗を続けた。

スターリングラードで攻防が転換したあとは、ソ連軍が西進を開始し、東欧諸国を解放しながらドイツに迫り、一九四五年四月にベルリンを占領。ドイツが降伏して戦争が終わった。

『ウィキペディア（Wikipedia）』では、バルバロッサ作戦失敗の原因を次のように述べている。（筆者が整理要約・補足）

①赤軍の過小評価（将校の大粛正があったにも拘《かかわ》らずソ連の戦争遂行能力がドイツ側の予想以上に高かった）

②機甲師団の不足（南方軍集団の戦車六〇〇両に対し赤軍南西正面軍は二四〇〇両）

③補給計画の不備（戦場をドニエプル河以東の奥行き六〇〇km程度の領域だと想定したが赤軍の東方脱出を許し、戦場は想定以上に拡大し兵站支援困難化）

④戦略目標の不統一（目標をレニングラード、モスクワ、南方の資源地帯にしたため兵力を分散し補給の困難さを招いた。筆者注：これについては以下で中央軍集団〔ボック元帥指揮〕をモデルに作戦正面の広さ・面積と兵站の関係について考察）

⑤バルカン作戦による作戦の延期（ユーゴスラビアのクーデターとギリシャ・イタリア戦争に介入したことで、作戦開始日が一ヶ月以上遅延。同年は冬の到来が例年になく早か

ったことと合わせて作戦に大きな影響)

⑥スモレンスクでの足止め(バルバロッサ作戦では第一段階で西ドヴィナ河〜ドニエプル河以西のソ連陸軍集団を殲滅《せんめつ》し、第二段階でモスクワやレニングラードなどの目標地点の制圧に移る予定だった。しかし赤軍参謀本部は西ドヴィナ河〜ドニエプル河のラインに決戦用の第二梯団を配置していた。そのため、予定されていた休息と兵站の整備を延期し、ドイツ中央軍集団は休む間もなくスモレンスクをめぐる激戦に突入することになる。一ヶ月の激戦の末中央軍集団はスモレンスクを落としたが二五万もの将兵を失い損害率はピークに達した。その後二ヶ月以上中央軍集団は攻勢を再開できず、ソ連に戦力再編の時間を与えることになる。

独ソ戦研究家のストーエルは「ソ連軍を罠《わな》にはめて打ち破り、工場や軍事セクターを制圧するには装甲部隊が必須だった。スモレンスク戦で装甲部隊が許容値以上の損害を受けた時点でドイツは勝機を失っていた。ドイツ軍の敗因は冬将軍でも一会戦での敗北でもない。単純にソ連をうちやぶる能力を失ったからである」と述べ、スモレンスク戦がバルバロッサ作戦勝敗を決したと評価する。

クレフェルトは『補給戦』のなかで、バルバロッサ作戦における兵站（主として輸送）の不備について次のように述べている。

〈ドイツ軍の行った電撃作戦（ブリッツクリーク）は航空機による爆撃と機甲師団による侵攻を組み合わせたものである。電撃戦を成功させるためには機甲師団の突進に兵站補給が追随する必要がある。

ヒットラーは機甲師団の補給に自動車化された補給部隊を編成しようとしたが、結局のところ中途半端に終わった。また、本来兵站輸送のメインとなるべき鉄道輸送がなおざりにされた結果、ドイツ軍の進撃を阻む要因となった。ロシアの鉄道事情はヨーロッパのそれと全く異なり、ヨーロッパの鉄道が広軌（引用者注：鉄道線路の軌間〔左右の軌条（レール）の間隔〕が標準軌間の一三四五㎜より広いもの）であるのに対し、ロシアの鉄道は狭軌（引用者注：レール間隔が標準軌間未満）だった。このためドイツからロシアへの鉄道輸送は、まず鉄道部隊により軌間変更作業から始めければならなかった。加えて、燃料となるロシア産石炭は粗悪でドイツ産の石炭かガソリンを添加しなければドイツの機関車には使用できなかった。

鉄道の軌間変更作業は遅々として進まず、侵攻する機甲師団への兵站補給は専らトラック部隊が担った。ところが、このトラックの数が充分ではなかった。ドイツ軍はトラックを民間から調達したが、トラックの種類が多岐にわたる結果（二〇〇〇種類）となり、膨大な種類の補修部品が必要となった。このトラックがロシアの過酷な道路事情により次々と壊れていくのだ。

また、輸送距離が長くなればトラック自体の消費する燃料が膨れ上がる。試算によると「自動車部隊は三〇〇マイルを超えて輸送を行うことはできない」という結論がでていたが、事実その通りになった。

そこへ運命の秋雨である。舗装されていなかったロシアの道路はたちまち泥濘化《でいねいか》し、車軸まで泥に埋もれて立往生する車両が続出した。

一一月に入って路面が凍結すると、道路事情は改善されたが、今度は鉄道輸送に重大な支障が発生した。ドイツ製機関車は給水管をボイラー内に通す構造にはなっていなかったために、凍結により配管が破損して、鉄道輸送がマヒ状態に陥ってしまった。

ヒットラーは軍の作戦計画に横槍を入れ「ボルシェビキ世界観の中心地であるレニングラード（レーニンに因む）の占領」に拘ったが、兵站輸送の観点からいえばドイツ軍の攻

図5　バルバロッサ作戦　作戦正面の広さ・面積と兵站の関係

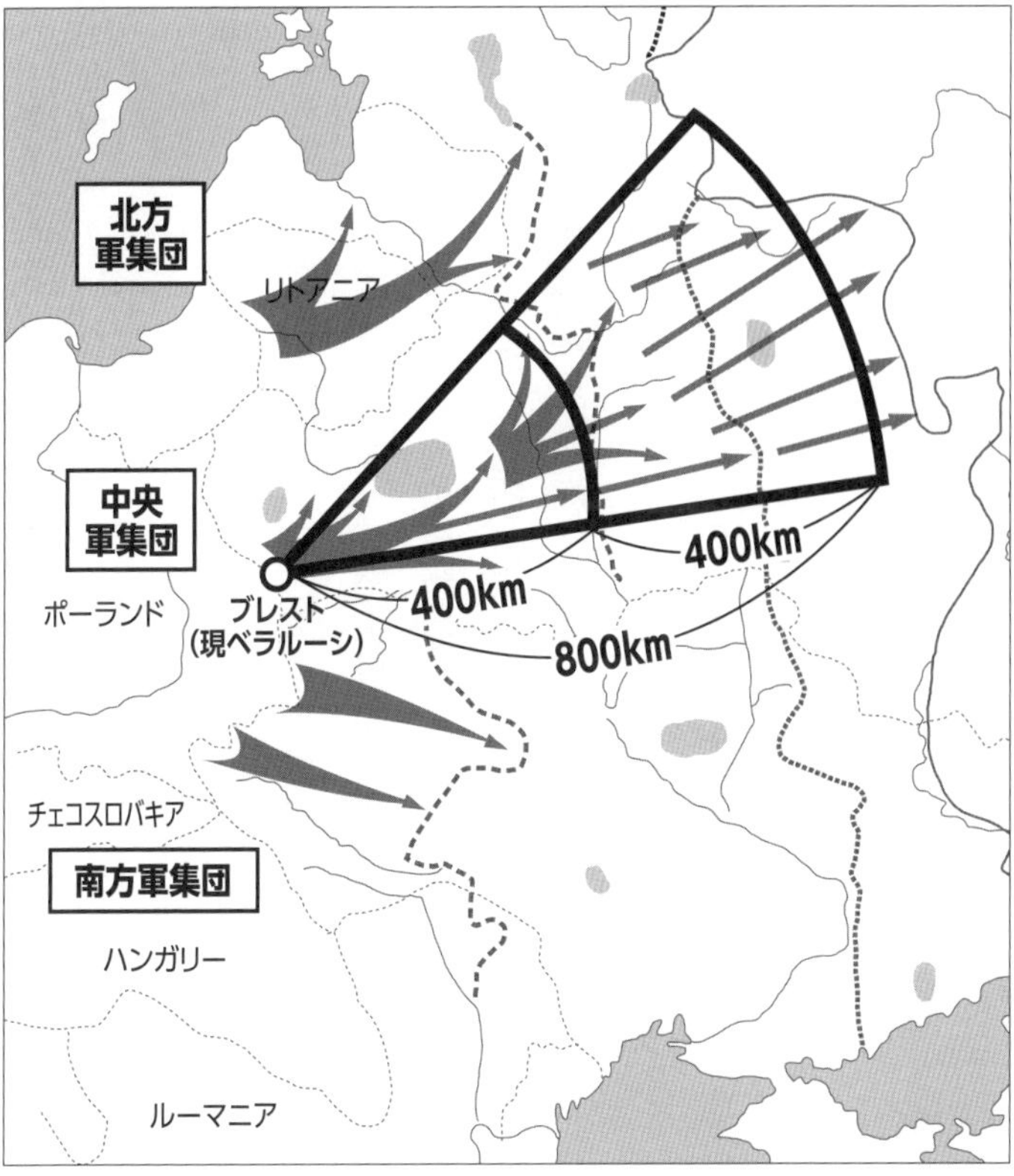

撃方向は鉄道線路が最良で数も最も多いところ、すなわちワルシャワ〜モスクワ大公道を挟んで進めるべきだった。〉

筆者としてはここで、バルバロッサ作戦をモデルに作戦正面の広さ・面積と兵站の関係について考察してみたい。図5のように中央軍集団（ボック元帥指揮）の進撃の経過の矢印の上にふたつの扇型を記入した。大きな扇型の半径は八〇〇km、小さな扇型の半径は四〇〇kmである。また、扇型の内角は四五度である。現在のベラルーシのブレスト付近を起点（扇型の中心）として、一九四一年六月二二日に攻撃を開始した中央軍集団はソ連軍と戦いながら北東方向に扇形状に戦力を展開していった。

小さな扇型の面積（S^1）：$\pi \times 400 \times 400 \times \frac{1}{8} = 62{,}800\text{km}^2 = \frac{1}{4} \times S^2$

大きな扇型の面積（S^2）：$\pi \times 800 \times 800 \times \frac{1}{8} = 251{,}200\text{km}^2 = 4 \times S^1$

小さな扇型の外周（L^1）：$2 \times \pi \times 400 = 2{,}512\text{km} = \frac{1}{2} L^2$

大きな扇型の外周（L^2）：$2 \times \pi \times 800 = 5{,}024\text{km} = 2L^1$

この計算のように、距離が二倍になれば外周（中央軍集団が敵と接触する第一線）の長さは二倍だが、面積（中央軍集団が展開〔占領〕する地域）は四倍になる。

モスクワ攻略を目指す中央軍集団の作戦は「台風」と名付けられ、その戦力は約一九三万人・七〇個師団（親独派のフランス人義勇兵含む）、戦車一二一七両、火砲の合計は約四〇〇〇門であった。東部戦線における国防軍の総兵力のうち、兵員の四二％、戦車の七五％、火砲の三三％がモスクワ前面（「台風」作戦）に投入された。

中央軍集団をふたつの段階――侵攻後四〇〇㎞に到達と八〇〇㎞に到達――に区分してその展開状況を比較してみよう。小さな扇型の面積（S_1）内の兵士の密度は一㎢当たり三一人、大きな扇型の面積（S_2）の場合は八人となり、一気に兵士の密度が低下している。また、最前線に展開できる戦車の数は小さな扇型の外周（L_1）の場合、一㎢当たり四両、大きな扇型の外周（L_2）の場合は二両となる。ただし、実際には、全戦車が最前線に展開することはないし、兵士も戦車も攻撃の進展に伴って損害が生じるので攻撃開始時の戦力は逓減していく。

いずれにせよ、このように、中央集団軍がモスクワに接近すればするほど、その戦力は急激に逓減していく様子がわかる。

このように戦力が逓減するのは兵士と武器だけではなく、兵站も逓減するのだ。

ボールディングの戦力逓減について、ロンメルの北アフリカ戦線における戦いを例に、策源地（トリポリ）からの距離が延びるに従い、兵站支援能力が逓減する様子を説明した（四〇頁参照）。このことは、「台風」作戦における中央軍集団の兵站にも当てはまる。鉄道輸送にせよ、自動車輸送にせよ、策源地との往復が必須なので、距離が延びるほど兵站輸送は逓減する。

それに加え、「扇型の面積・外周」で述べた（五二頁参照）ように、中央軍集団の戦闘部隊はロンメルの北アフリカ戦線とは違い、策源地からの距離が延びるだけではなく扇形状に戦力が広く展開（分散）することにもなった。このような広域に展開した部隊に対する兵站輸送は、策源地から樹状（木の幹から太い枝、次いで次第に小枝に分かれていく）に広がっていく。「木の幹」に相当する兵站輸送部分は「補給幹線（MSR：main supply route）」と呼ばれる。中央軍集団のMSRはワルシャワ〜モスクワ大公道沿いであった。それゆえ、中央軍集団隷下の第三装甲集団、第九軍、第四軍、第二軍、第二装甲集団などに対する兵站支援は、「木の幹（MSR）」から枝分かれするように「分配」することになる。この荷分け作業には膨大な人力を要する。したがって、展開（占領）面積が広がれば広がるほど兵站支援には時間がかかり、困難となる。

中央軍集団司令部は所属する七〇個師団への補給物資として一日当たり一万三〇〇〇t

を必要としていたが、「台風」作戦の開始直前になってもこの三分の二程度の輸送力しか用意できなかった。前線が補給集積所から遠ざかるにつれて、この数字は三分の一程度にまで減少していた。

中央軍集団のロシアへの侵攻が進展し、戦場が扇状に拡大するにつれ、策源地からの距離が延び、MSRも樹状に広がることになる。それにより、ドイツの補給ライン（兵站線）に対するソ連軍によるパルチザン（遊撃隊）攻撃などの脅威が高まった。ドイツ軍は後方補給線の保護に苦心した。

その原因はドイツ軍にある。ドイツ軍は戦線が延び、戦場が拡大するにつれ、補給不足（とくに食料不足）に苦しみはじめた。このため、侵攻した地域の農民などから略奪を行った。これら農民はやがてパルチザンとなり、ドイツ軍の後方（兵站）地域を攻撃するようになったのである。

ドイツ軍MSRと兵站拠点を守るために、アクティブ――パルチザンなどを探索・追跡して積極攻撃――とパッシブ――ゲリラなどの襲撃を待ち受けて防御――のふたつの対処方法（後方警備対策）が案出され、敵の脅威の状況に応じた「警備任務用の特殊部隊」が複数設立された。とはいえ、ソ連軍と戦う前線の戦闘部隊のほうが重要なので「警備任務用の特殊部隊」は、予備役や退役兵など主に高齢者（老兵）から編成された。また、これらの老兵は最低限の訓練しか受けておらず、警備・戦闘能力は低かった。「警備任務用の特殊部隊」は、武器の補充も不十分で、赤軍から鹵獲《ろかく》したロシア製の武器を利用する始末だった。

ＭＳＲを保全するためにはシーレーンと同様に制空権と地域（地上）の安全・治安をコントロールできる能力が不可欠である。さもなければ、空からは敵の航空・空挺攻撃を、また地上からはパルチザンなどの攻撃を受けることになる。バルバロッサ作戦においては、当初はドイツ軍が優勢であり、ＭＳＲの保全には問題がなかったと見られる。ただし、ほかの問題があった。

『ウィキペディア（Wikipedia）』はバルバロッサ作戦全般にわたる兵站上の問題として、次のように指摘している。

〈ドイツ軍の兵站業務は陸軍参謀本部の兵站総監部が統括していたが、バルバロッサ作戦では広大なロシアの領域をカバーするため各軍集団に現地事務所が設置され補給を担当した。しかしソ連の広大な領土で整備された街道はミンスク～スモレンスク～モスクワ間の一本しかなく、機甲部隊の通行に適さないデコボコの悪路が果てしなく続いていた。また雨が降ると地面は泥濘化し、雨季のまともな作戦行動は困難だった。侵攻開始から一か月で輸送用トラックの3割が故障し、機甲部隊の戦車も稼働率が激減した。ドイツ軍は道路の不整備を鉄道輸送で補おうと試みたがロシアとドイツでは間隔（ゲージ）が異なり、ゲージ変換作業に追われた。鉄道工作部隊が編制されたが補給路への負担は改善されず物資の積み替え駅では深刻な渋滞が発生した。7月31日時点でドイツ軍は東部の戦闘で21万3301人を喪失していたが補充されたのは4万7000人に過ぎなかった。鉄道網と道路の不備は前線に深刻な物資の欠乏を生じさせていた。また兵站の優先順位が曖昧であり、運行優先権をめぐって現地部隊が対立、酷い時は部隊間で物資を積み込んだ列車のハイジャックが行われた。〉

「カギその六」：地政学と兵站

①マッキンダーのランドパワー理論——大陸国家の兵站の原点

事実上、現代地政学の開祖といわれるハルフォード・マッキンダーは、マハンのシーパワー理論の対称となるランドパワー理論を提唱し、ユーラシア大陸を基点とした国際関係

図6　ハートランド

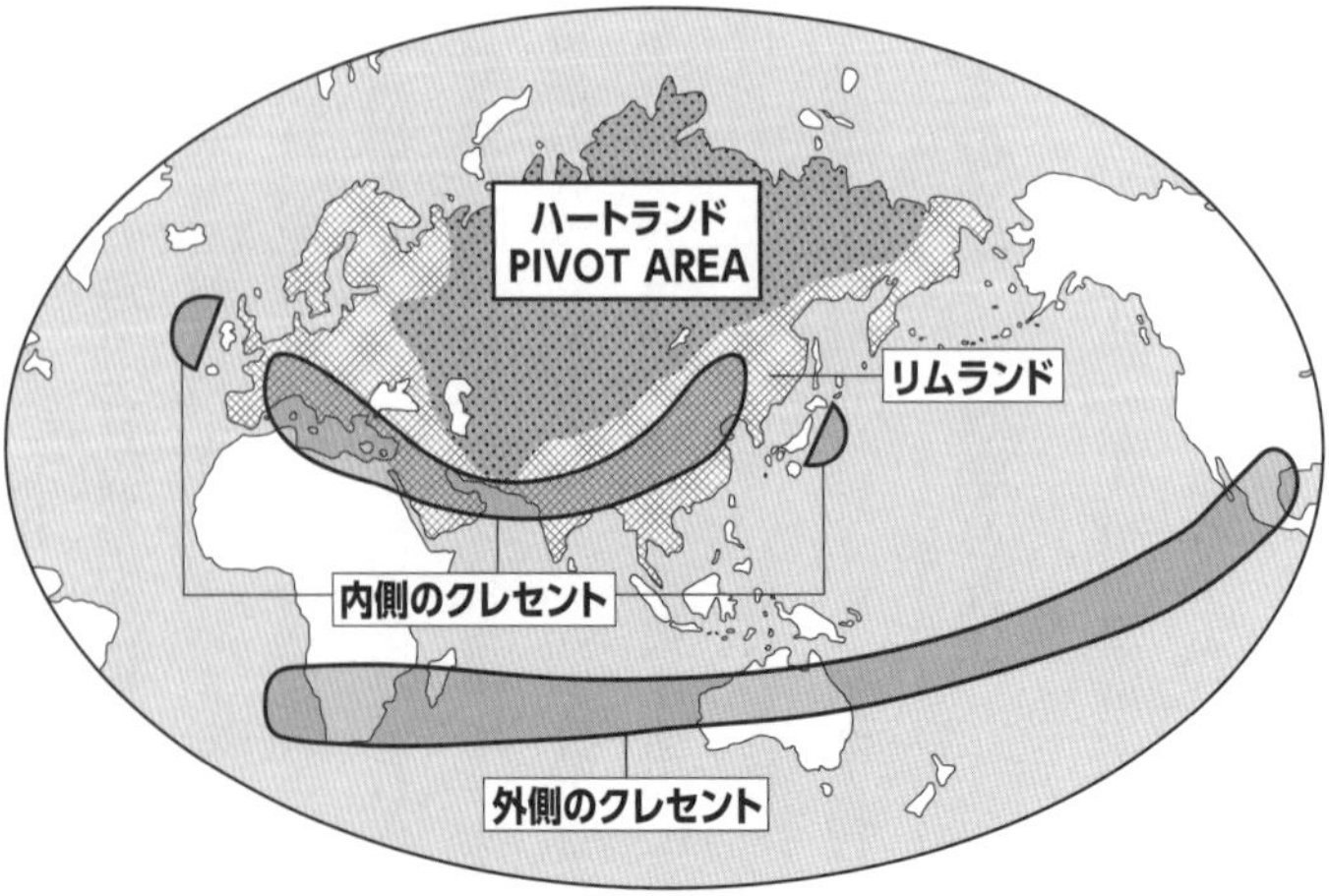

の力学を地理的に分析・提示した。

マッキンダーは、二〇世紀初頭の世界情勢をとらえ、これからはランドパワーの時代と唱えた。マッキンダーがその着想を得たのは、それまでの歴史が海軍大国（海洋国家）――大きな輸送力を持つ船舶を活用――優位の歴史（マハンの地政学）であったのに対し、鉄道の発展とその整備などにより大陸国家内の移動や物資の輸送などが容易となったことにある。そして、ハートランド（後述）を支配する勢力による脅威が増しているとし、それに対抗するためには海洋国家同士の連携が必要だと主張した。

筆者は「カギその三：マハンのシーパワーの戦略理論と兵站」（三二頁参照）で、

マハンとマッキンダーの対照的な地政学説について、マハンのそれは、「海（シーレーン）と船（商船と軍艦）の地政学」であり、マッキンダーのそれは、「陸と鉄道・貨車の地政学」と述べた。このように、マッキンダーとマハンの地政学を決定づけるものは国家の動脈となる「輸送手段＝兵站」なのである。

マッキンダーは地上の七割は海であるが、人間生活の基盤は地上にあることから、広大な陸地を支配している勢力をランドパワーと考えた。また、世界の陸地の三分の二を占めているユーラシア大陸を「世界島」と呼んだ。世界島の中軸（ＰＩＶＯＴ）地帯で、シーパワーの影響外にある地域を「ハートランド」（ＰＩＶＯＴ　ＡＲＥＡ）と名づけ、ランドパワーの支配力はこのハートランドを中心として、世界島全体に外向きに及んでいくと考えた。

また、ハートランドの外側の地域を、半月（クレセント）と呼び、それをさらに「内側のクレセント」と「外側のクレセント」のふたつに分類した。そのうえで、ランドパワーとシーパワーは「内側のクレセント」をめぐって抗争するという国際情勢の長期的な構図を説いた（図６参照）。

これらの理論と当時の第一次世界大戦後という国際情勢から、ドイツという大陸国家

（＝ランドパワー）のハートランド（ソ連）への拡張は警戒され、マッキンダーは「東欧を制するものはハートランドを制し、ハートランドを制するものは世界島を制し、世界島を制するものは世界を制す」という有名な言葉を、第一次世界大戦後の講和会議に出席する英国の委員に対して述べたといわれる。

なお、マッキンダーは自身の理論を一度も地政学と称したことはないが、今日における地政学という体系はほぼマッキンダーの理論をその祖と仰いでいるといっていい。マッキンダーの主張は以下の通り。

（ア）世界は閉鎖された空間となった。
（イ）人類の歴史はランドパワーとシーパワーの闘争の歴史である。
（ウ）これからはランドパワーの時代である。
（エ）東欧を制するものは世界を制する。

海洋国家英国に生まれ育ちながらマッキンダーがランドパワー論者となったのは、大陸国家の勢力拡大への脅威から海洋国家英国をいかに守るかという戦略のあり方について研究の重きを置いたことによる。
以下述べるマッキンダーのランドパワー理論に関する論説を、大陸国家を「中国」、海洋国家を「米国」と置き換えてご覧いただければ、スムーズに理解していただけるのではないか。マッキンダーいわく。

「そもそも大陸国家と海洋国家は相性が悪いということが基本原理となっている。海洋国家は決して攻撃性の強いものではないが、隣国の勢力が強くなることを忌み嫌う。大陸国家が外洋に出て、新たな海上交通路や権益の拡大をしようとすれば、海洋国家はそれを防ぐべく封じ込めを図ろうとする傾向を持つ。そうしたことから大陸国家と海洋国家の交わる地域での紛争危機はより高まる」

マッキンダーは第一次世界大戦の本質は、基本的にユーラシア大陸の心臓部（ハートランド）を制覇しようとするランドパワー（ドイツ帝国、オーストリア＝ハンガリー帝国、オスマン帝国、ブルガリア王国）の中央同盟国と、これを制止しようとする海島国主体（英国、カナダ、米国、オーストラリア、ニュージーランド、日本など）の連合国やイタリアなどの半島国――言いかえればシーパワー――との間の死活をかけた闘争であると考えた。

そのうえで、第一次世界大戦後の世界の平和を保証するためには、東欧を一手に支配する強力な国家（ソ連またはドイツ）の出現を絶対に許してはならないと力説した。そのためには、英国を中心とした海軍大国（シーパワー）が陸軍大国（ランドパワー）であるドイツやソ連などの世界島支配に向けた勢力拡大を阻止すべきであると主張した。

とくに、世界島の心臓部を意味するハートランドの占領を志向する列強（ドイツやソ連）は、本来膨張志向を有しているとも指摘している。

②スパイクマンのリムランド理論――海洋国家の兵站の原点
リムランド理論を提唱したニコラス・スパイクマンは、オランダ系米国人の政治学者・地政学者で、イエール大学の国際関係学の教授であったが、一九四三年、四九歳でガンによって死去した。

スパイクマンはマハンのシーパワー理論やマッキンダーのランドパワー理論を踏まえてエアパワーにも注目し、リムランド理論を提唱した。

マッキンダーが唱えるハートランドは一見広大で資源に恵まれているが、じつはウラル以東では資源が未開発な状態で農業や居住に適していないために、人口が増えにくく工業や産業が発展しにくい。これに対してリムランドは温暖湿潤な気候で人口と産業を支える国々が集中している。この点にスパイクマンは着目した。そして、「リムランドを制するものはユーラシアを制し、ユーラシアを制するものは世界の運命を制する」とマッキンダーとは真逆の主張をした。

またスパイクマンは、旧世界（ユーラシア大陸）の紛争は「ハートランドとリムランド間の紛争」「リムランド内での紛争」「リムランドとシーパワー間の紛争」といったようにリムランド一帯に集中している点と、地理的な位置から南北米大陸がユーラシア大陸だけでなく、アフリカ大陸やオーストラリア大陸に包囲されていることに着眼した。そのうえで、旧世界の大西洋沿岸と太平洋沿岸のふたつの地域から、米国の安全を脅かすリムランドを支配する国家（現在は中国）あるいはリムランド国家の同盟（現在は中国とロシアの戦略的パートナーシップ）の出現は脅威だと考え、積極的にその試みを阻止する対外政策の必要性を主張した。スパイクマンの指摘は今日の米中覇権争いが端的に実証している。

彼はリムランド理論を踏まえて米国の政策に以下の提案を行っている。

①ハートランドへの侵入ルートにあたるリムランドの主要な国々（筆者注：例えば日本、韓国、台湾、インド、ポーランド、サウジアラビアなど。以下の例も筆者注）と米国が同盟を結ぶこと。この侵入ルートをふさぐ強力なリムランド国家（例：ヒトラー・ドイツによるフランスやノルウェー支配／ギリシャやトルコとの同盟）をつくらせないこと。

②米国は、リムランド諸国間の米国抜きの同盟をバラバラに切断するが、同時に、ハートランドの国（例：ソ連〔ロシア〕）にリムランドの国々（例：日本、韓国、台湾、ベトナムなど）を支配させないようにする。

③米国の孤立主義（モンロー主義）は不毛かつ危険である。なぜなら、現代（筆者注：当時は第二次世界大戦中）の船舶技術において、米国をとりまく大西洋も太平洋もバッファーゾーン（緩衝地帯）にはなりえず、逆に（攻撃するための）高速道路であると認識すべきだ。現代の兵器技術をもってすれば、いかなる国のパワーも地球上のいかなる場所であれ、地理的距離とは無関係に投入できる。

因みに③の指摘は、今日の北朝鮮が実証している。北朝鮮は核ミサイル開発に注力しているが、いまや太平洋を越えて直接米国本土を攻撃できる手段を手に入れようとしている。最も長射程の戦略弾道ミサイル火星14号は射程九〇〇〇kmから一万kmと推定されている。この射程距離ならば、米国で二番目の人口を抱える西海岸のロサンゼルスのほか、デンバーや三番目の人口を抱える中西部のシカゴをも核攻撃できる可能性がある。まさに、スパイクマンの予言した通りの展開である。

③ハートランドの兵站——鉄道による兵站輸送

ハートランドの兵站は主体が鉄道であり、それにトラック輸送が付加される。鉄道輸送により大兵力を緊急・隠密に他正面に輸送（転用）し、ドイツ軍がロシア軍に対して歴史的に有名な殲滅戦を実現したタンネンベルクの戦いについて、説明したい。（以下ドイツ軍を独軍、ロシア軍を露軍とする）

ドイツは第一次世界大戦では東西二正面の戦いをした。ドイツは「シュリーフェン・プラン（まず西のフランスを撃破、返す刀でロシアを撃破）」を発動させ、先ずフランスに猛攻撃を加えたが、マルヌの戦いで頓挫した。東部戦線では、ドイツ参謀本部の予想をはるかに超えた速度で露二個軍が東プロイセンに侵攻し、東方（対ロシア）防衛を担当する独第八軍は後退を余儀なくされた。

独第八軍司令官のプリットヴィッツはヴィスワ川まで撤退し、東プロイセンを完全に見捨ててロシアに明け渡そうとしたが、モルトケ参謀総長によって解任され、後任には引退していたヒンデンブルクを、その参謀長としてルーデンドルフを任命した。

露軍は第一軍が東から、第二軍が南から独軍を攻撃（挟み撃ち）すれば、独軍を殲滅していたかもしれない。しかし、第一軍のレンネンカンプと第二軍のサムソノフは、犬猿の仲だった。ふたりの露軍司令官は一九〇五年の奉天会戦（日露戦争）で敗走中、鉄道の駅で殴りあったことがあったというのだ。ふたりの司令官が「われ関せず」で作戦するのは馬鹿げたこと、否、致命的なことなのだ。

もうひとつ露軍に手落ちがあった。短距離無線の技師が不足して暗号理論もなかったため、暗号化されていない平文の無線通信に頼らざるを得なかったことだ。露軍は電信線――独軍に通信を秘匿できる――の限界を超えて進軍してしまっているなか、暗号化されていない無線通信（平文）に頼らざるを得なかった。これによってメッセージは一応伝えることはできたが、独側に完全に読まれることになった。まるで、ミッドウェー海戦で連合艦隊の暗号が米海軍に読まれていたのと同じだった。

このような事情で、露軍の通信文からふたりの露軍司令官の不仲を察知したのは、独第八軍参謀であったホフマン中佐（実質的に独第八軍を動かしていた）だった。露軍はこのまま密接な連携を取らずに行動し続けると予測したホフマンはケーニヒスベルクの東を守っていた独軍の大半を南西へと移動させることをプリットヴィッツに意見具申した。ホフマンの作戦計画に基づき、露第一軍の南にいた独第一七軍団と第一予備軍団をサムソノフの右翼である露第六軍団と対峙《たいじ》するために南へと移動させる準備をした。独第一騎兵師団はケーニヒスベルクの東の守り――独第八軍主力の左翼の援護――としてレンネンカンプの露第一軍と対峙し続けることになる。ケーニヒスベルクは東に独第一騎兵師団を置いているのみで南に対しては完全に無防備であった。

この計画は定石から考えればとても危険なものであった。なぜなら、もし露第一軍がケーニヒスベルクに向かって直接西進するのではなく、迂回《うかい》して南西（露第二軍）方向へと進軍した場合、移動中の独第八軍の最左翼は攻撃にさらされることになる。しかしホフマンはふたりの露軍司令官の間の不仲と、次の日の命令は無線通信によって伝えるというロシアの慣習から、露軍の次の作戦が事前に判明すれば、最悪の事態（露第一軍の南西への進撃）にでも手が打てるので、この作戦に自信をもっていた。

図7　タンネンベルクの戦い

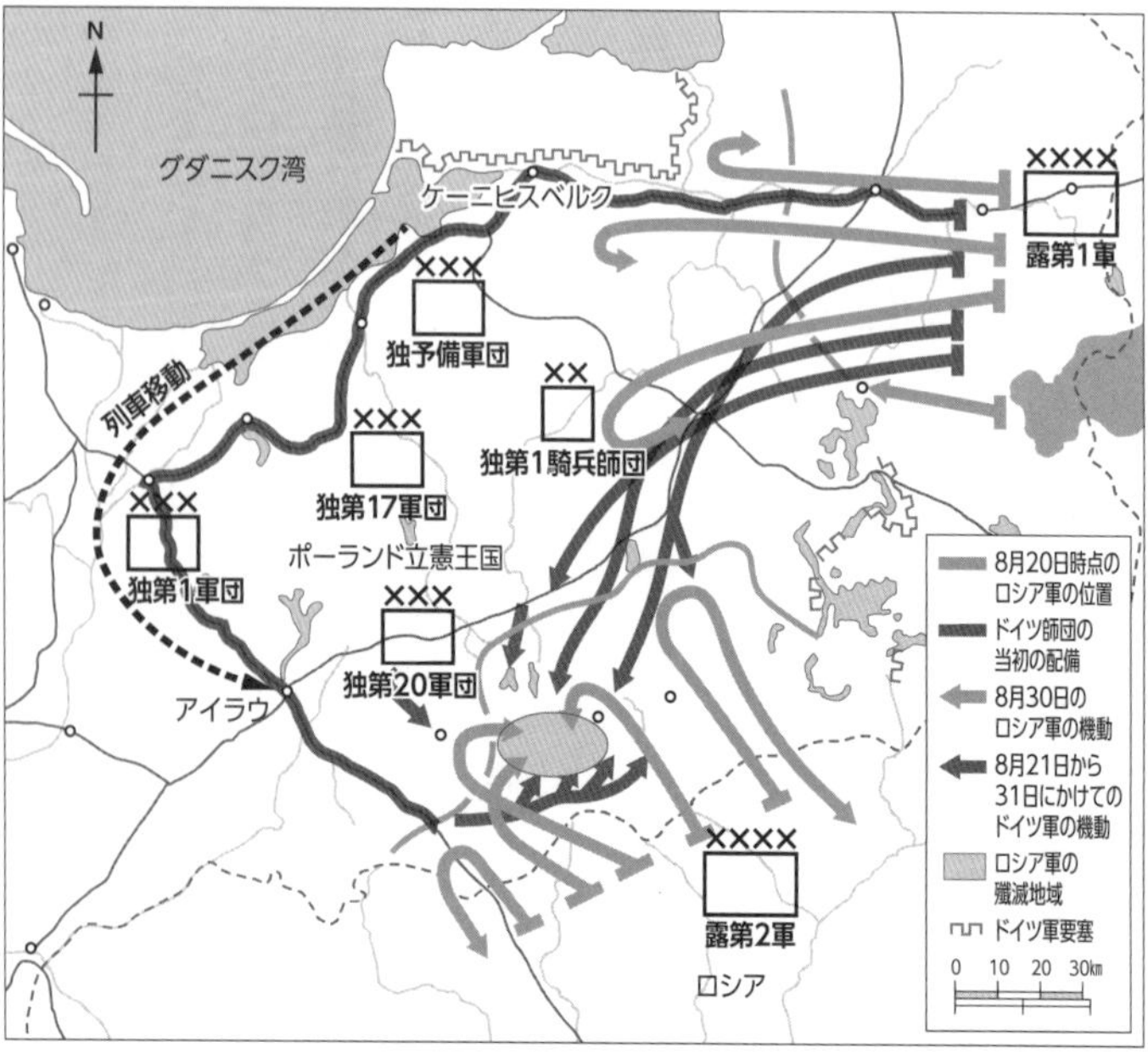

ヒンデンブルクとルーデンドルフは一九一四年八月二三日に現地に到着した。その際、既に開始されている各部隊の作戦行動が、ホフマンの作戦計画通りに進展していることを知って満足した。独第八軍の前司令官プリットヴィッツがすでに自軍に鉄道による撤退を命じていたので、ルーデンドルフは、フランソワの独第一軍団に対して、列車に乗車してアイラウ（下車駅）まで機動し――まさに列車による兵站輸送が実現――露第二

軍と対峙していた独第二〇軍団のさらに右翼をカバー（包囲）するように命じた。ホフマンが既に同様の命令を出していたので若干の混乱が発生したが、ルーデンドルフの意図通りの作戦行動が開始された。こうして列車機動による歴史に残る大殲滅戦の「罠《わな》」が出来上がったのだ。

サムソノフの露第二軍は、まんまとタンネンベルク周辺に独軍が仕掛けた「罠＝包囲環」のなかに入ってきた。独軍包囲下の苦境に陥ったサムソノフは犬猿の仲のレイネンカンプに救援を要請した。

しかし、露第一軍が救助に向かおうと試みたときには既に大勢は決していた。独第一騎兵師団が救援を阻止するための盾となり、この戦闘が終わった時点で露第一軍は露第二軍の包囲網から七〇㎞離れた地点までしか進めなかった。

八月三〇日、露第二軍は壊滅し、九万二〇〇〇人が捕らえられ、七万八〇〇〇人が死傷し、逃れることができたのはわずか一万人だった。サムソノフは逃走したが、ニコライ二世に第二軍の壊滅を報告することよりも拳銃自殺を選んだ。一方ドイツの損害は総員一五万人のうち、一万二〇〇〇人程度であった。

本来、ハートランドはロシアのはずだったが、そのロシアの軍隊がハートランドの国ではないドイツの軍隊に「列車による機動（本来はハートランドの兵站輸送）」により殲滅された」のは、皮肉なことだ。

④リムランドの兵站――船舶によるシーレーン経由の兵站輸送

リムランドの兵站についてカギ（課題）となるのは、島国の日本、英国、米国などの本土から、海洋上を横断してリムランドで戦う自国の軍部隊とつなぐ兵站ルートを維持することである。この海上の兵站補給ルートのことをシーレーンと呼ぶ。シーレーンは有事のみならず平時においても通商のために重要である。それゆえ、シーレーンは、平時・有事をあわせて「一国の通商上・戦略上、重要な価値を有し、有事に際して確保すべき海上交通路のこと」と定義されている。

その重要なシーレーンを守るためには、制海権（海軍・空軍）、制空権（空軍・海軍）に加え、基地（不沈空母）が不可欠である。米国は第二次世界大戦以降、「移動可能な基地」として制海権と制空権の機能を併せ持つ空母機動部隊を創設した。

制海権（Command of the Sea）とは、海上を経済的、軍事的にコントロール（支配）している状態およびその力である。換言すれば、海軍艦艇や航空機により敵の海軍艦艇や潜水艦などによるシーレーンに対する攻撃を排除（排撃）し、味方の軍艦艇や輸送船の安全を図ることである。

また、制空権（Control of the Air）とは、味方の航空戦力が空において敵の航空戦力を撃破または抑制して優勢であり、所望の空域を統制または支配し、敵から大きな妨害を受けることなく、陸・海・空の諸作戦を実施できる状態およびその基となる力である。上記の制海権との関連では、シーレーンの安全を期すためには、制海権のみならず制空権の確保も不可欠である。

次章で述べる大東亜戦争においては、まさにシーレーンをめぐる日米の攻防、なかんずく空母の戦いが日米の勝敗に大きく作用した。

第二章

大東亜戦争にみる
兵站
――海洋国家同士の戦い

「一二倍の国力差」があるのに、日本はなぜ日米開戦を決断したのか

大東亜戦争の最大の失敗は日米の国力の差が「一二倍」もあるのに、御前会議で東條首相をはじめ政府・外務・陸海軍首脳などが日米開戦を決断したことである。

兵站の見地からしても「一二倍の国力差」があるのに、日米開戦を決断したのは「理解不能、無謀」としか言いようがない。日米の国力差を知悉《ちしつ》している山本五十六が一九四一（昭和一六）年、連合艦隊司令長官当時、時の首相、近衛文麿に、日米開戦となった場合の見通しを聞かれて、「ぜひ私にやれと言われれば、一年や一年半は存分に暴れてご覧にいれます」と答えたといわれる。次の言葉として「しかし、それ以上に延びると負ける。だからなんとしても日米開戦は回避してもらいたい」と言える勇気を持っていたら、日本は開戦しなかったかもしれない。

このように、山本五十六のような米国の力を知っている人たちから見れば、開戦前から負けることはわかっていたわけだ。御前会議に出るような要人がこの日米国力の格差を知らないはずはない。しかし、結果としては御前会議で「理解不能、無謀」としか言いようがない日米開戦を決断してしまったのだ。「なぜか!?」この疑問に対しては、名古屋大学

名誉教授の川田稔氏の『木戸幸一』（文春新書）の一部を再構成した『「12倍の国力差」があるのに、『日米開戦やむなし』となった戦前の空気」というエッセイ（二〇二〇〔令和二〕年四月二三日にプレジデントオンラインに掲載）がある。筆者は、このエッセイなどを参考にし、「国策を誤った決断」に至る経緯を簡潔にまとめた。以下のとおりである。

第三次近衛文麿《このえふみまろ》内閣が対英米開戦方針をめぐる閣内不統一のため総辞職したあと、昭和天皇側近の木戸幸一内大臣の推挙で東條英機が組閣した（一〇月一八日）。これは、木戸が天皇の御意――日米開戦を回避――を忖度《そんたく》してのものだった。当時、米国の国民総生産は日本の約一二倍、石油生産量は約七一二倍、粗鋼生産力で約一二倍、自動車保有台数は約一六一倍で格差は歴然だった。そのことについては、天皇をはじめ、陸・海軍や外務省の首脳は当然深く認識していたはずだ。対米開戦ついては、海軍と外務省が慎重姿勢で、陸軍は開戦論が支配的であった。

近衛内閣は、九月六日の御前会議で「日米交渉の期限を設定し、交渉の目途が立たない場合は米英蘭との戦いを始める」ことを決定していた。天皇の対米戦争回避の御意を受けて、木戸はこの決定を白紙還元し、陸軍を統制できるはずの東條内閣により対米開戦回避を実現しようと画策したのであった。一〇月一七日の組閣にあたり、条件として白紙還元の御諚《ごじょう》――天皇の命令・仰せ・御言葉――が発せられ、九月六日の決定が白紙に戻された。

東條首相は御諚を受けて、一〇月二三日から三〇日まで、連日のように大本営政府連絡会議で議論を行った。会議は御諚を念頭に、対米交渉条件の緩和を目指し、「中国への駐兵問題を除き、米国の主張を受け入れる」ことを柱に、次のように合意された。

1．三国同盟の問題について、参戦決定は自主的に行う。
2．ハル四原則（①すべての国家の領土保全と主権尊重、②他国に対する内政不干渉、③通商を含めた機会均等、④平和的手段以外の太平洋の現状不変更）については、米側の主張を認める。
3．通商無差別の問題は、特恵的な日中経済提携の主張は行わず、承認する。
4．中国における駐兵については、蒙疆《もうきょう》・華北・海南島に限定する。駐兵期間は二五年間。それ以外は二年以内に撤兵する。

この合意が、ほぼそのまま最終的対米提案の「甲案」となる。中国への駐兵問題以外は、実質的に米国側の主張を受け入れたものだった。

これらのなかで、最も議論となったのは駐兵問題だった。東郷外相は、全面撤兵を主旨とし、前記特定地域にのみ五年間の限定的な駐兵を認めさせる案を示した。杉山参謀総長らは強硬に反対した。

そこで東條首相が二五年案を提議し、参謀本部側もやむなく受け入れた。東郷は、いったん期限を付けておけば、実際は交渉過程で処理できると判断していた。武藤軍務局長（連絡会議幹事）も二五年駐兵案に異議を唱えていない。実質的な交渉に入っていけば、最終的には米国側も駐兵を受け入れる可能性があると判断していたからと思われる。

会議最終日の一一月一日、会議の結論として戦争を決意、開戦は一二月初旬、外交は一二月一日午前〇時まで、と決定された。

その後、外交交渉の条件の検討に入り、東郷外相は、先の内容の甲案とともに、突然、それまで非公式にも議論されたことのない「乙案」を提案した。

その内容は、日本が南部仏印から撤退する代わりに米国は日本に石油を供給する。また両国は蘭印における必要な物資獲得に相互に協力する、との暫定的な協定案だった。

この乙案に杉山参謀総長・塚田攻《おさむ》参謀次長は激しく反発した。だが、武藤は、休憩中に東條も交え、杉山・塚田を説得した。乙案を拒否すれば、外相辞職・政変となることも考えられる。その場合には次期内閣は非戦となる公算が高く、開戦決意までには、さらに日数を要することになる、と。杉山らは、日中戦争解決を妨害しないとの趣旨の文言を入れることを条件に、この説得を受入れ、乙案は承認された。

こうした動きのなかで、大きな変化が生じた。それは海軍の大転換である。数日間の会議の終盤（一〇月三〇日）、嶋田繁太郎海相は、沢本頼雄海軍次官や岡敬純軍務局長ら海軍省幹部に「戦争決意」を示したのである。嶋田は会議前には、「外交はぜひ実行したい。できるだけ戦争は避けたい」、と語っていた。

嶋田は、「このさい海相（自分）ひとりが戦争に反対したために時期を失したとなっては申し訳がない」と言い訳をしたうえで、沢本らの反対（戦争回避、開戦に慎重な姿勢）を押し切った。これにより、一貫して開戦に慎重姿勢をとってきた海軍省が、開戦容認に転換したのである。事実上、もはや開戦容認にブレーキをかけられる勢力はなくなった。嶋田海相の姿勢転換によって海軍が開戦容認となり（永野軍令部総長も追認）、大本営政府連絡会議は、陸海軍ともに、日米開戦やむなしとの意見が大勢となった。

これにより木戸が期待した、海軍の不同意姿勢継続による戦争回避の可能性は消失し、日本の対米開戦意志は事実上決定したといえる。まったく木戸の予期しない事態だった。では、なぜ嶋田は突然態度を変えたのだろうか。この三日前、嶋田は、皇族で海軍長老の伏見宮前軍令部総長から、「すみやかに開戦せざれば戦機を失す」との勧告を受けており、それが直接の原因ではないかとの見方である。嶋田は長らく伏見宮の強い信任をうけ、軍令部内で異例の昇進を遂げていた（あとのインパール作戦の項でも述べるが、状況判断を誤る原因の人間〔上司部下〕関係がここでもみられる）。

もしそうだとするなら、皇族である伏見宮がなぜそのような判断をもったのかが疑問になる（筆者としては、歴史の闇に消えたコミンテルンの謀略などの有無に興味が持たれるところである）。

御前会議が無謀な決断を下したことに対する筆者の所見は次の四点である。

第一は米国の戦力把握の甘さである。「兵站を読み解く『カギその一』：兵站を心臓・血管・血液・細胞などの譬《たと》えで説明する」で触れたが、開戦前の日米の国力の差は「一二倍」――すなわち米国は日本の一二倍も強力な「心臓」を持っている――と言われた。しかし、米国は日本のみならずヨーロッパ正面でも戦わなければならない。そうなれば「六倍」なのか。いや、そうではないのだ。実際に米国が「リメンバー・パールハーバー」を合言葉に、本格的に動員をしたため、その差はさらに開くことになった。

戦いの理論では攻撃する側は、防御する側の「三倍の戦力が必要」というのが相場だが、開戦時点でさえも「六倍」なのだ。さらに、ランチェスターの二次式にしたがえば日米の戦闘力の差は「二乗倍（三六対一）」で懸隔することになる。

英国の航空工学者ランチェスターは、第一次世界大戦の空中戦の資料を基礎に、飛行機の数と損害の量との関係を計量的に研究して、「ランチェスターの法則」を見出した。それをわかりやすく例示すればこうなる。

例えば英国の戦闘機五機とドイツの戦闘機三機が空中戦をやれば、かつての常識では「英国の戦闘機は三機撃墜され、二機が残り、ドイツの戦闘機は全滅する」と考えられた。しかし、統計ではそうではなく、戦闘力は「二乗」に比例するというのだ。それゆえ英国の戦闘力は五の二乗＝二五、ドイツの戦闘力は三の二乗＝九で、その差は（25－9＝16）となる。一六の平方根は四となる。したがって、英独空中戦闘の統計では英軍戦闘機が四機残り、ドイツの戦闘機は全滅するというのだ。

このランチェスターの法則を当てはめれば、日米の戦力はさらに圧倒的に開くことになる。まさに、開戦前の時点で「日本は米国にまったく勝ち目がなかった」ということになる。

第二は、エリートたちの優柔不断により迷走した結果が「国を亡ぼす決断」に至ったことだ。日本のエリート選抜プロセスでは、覇気・気概に溢《あふ》れ、独自の意見を持ってそれを強力に主張し、決断力と実行力に富む人物は排除される。トップに上り詰めるのは敢えて言えば「優柔不断型」である。御前会議の場で、陸海軍や外務省などの出身母体の意向に逆らってでも自己の信念を貫き通す、もしくは職を辞すことや切腹をしても国策を誤ることを諫《いさ》める勇気のある将軍・提督・官僚などはいなかったということだ。敗戦後、杉山元陸軍元帥、阿南惟幾陸軍大将、田中静壱陸軍大将、大西瀧治郎海軍中将らのほか合計で五二七人が自決した。その覚悟と勇気をなぜ開戦前に示せなかったのか。

第三は、御前会議参加メンバーが思考の柔軟性を欠いたことであろう。この会議のメンバーはそれぞれの行政組織を代表し、迂闊《うかつ》なことを言えない立場だったとはいえ、なんとも頭の固い老人連中ばかりだった。

同じ世代の軍人にはもっと思考能力柔軟で本質を見抜くことができた人物もいた。それは石原莞爾《いしわらかんじ》である。石原は満洲事変・満洲国建国の企画を担った陸軍軍人で、日本陸軍七〇年余の歴史を通じて最高の頭脳・屈指の逸材といわれる将軍だった。惜しむらくは、反りが合わなかった東條英機から開戦直前の一九四〇年五月に予備役に追いやられたことだ。

その石原が、開戦直前に、当時参謀本部第一部長（作戦担当）の田中新一中将に対して「陸軍はアジアの解放を叫んで――その実、石油が欲しいのだろう。石油は米英と妥協すれば幾らでも輸入できる。石油のために、一国の運命を賭して戦争をする馬鹿がどこにいる」と、直言したといわれている。

第四は、天皇の御決断である。敗戦受け入れの聖断を下された陛下が、開戦前に日米の戦争を回避する聖断を下されなかったのが惜しまれる。昭和天皇は英国流の「君臨すれども統治せず」を範としておられたといわれるが、夥《おびただ》しい戦禍を避けるためには敢えてそれをも超越していただきたかった。

上記の大詰めの東條内閣（昭和一六年一〇月一八日〜昭和一九年七月二二日）の御前会議に先立って開かれた、第三次近衛内閣（昭和一六年七月一八日〜昭和一六年一〇月一八日）の御前会議（昭和一六年九月六日）において、日米開戦の是非が問われた。

会議の最後に昭和天皇は異例の行動に出られ、「よもの海みなはらからと思ふ世に　など波風のたちさわぐらむ」という明治天皇の「平和愛好の御精神」が強調された御製を詠みあげられた。天皇は事実上議決に参加できないため、議決後に明治天皇の御製でご意志を示されたのだろう。

この御前会議に事務方として参加していた陸軍軍務科高級課員石井秋穂大佐は「石井秋穂大佐回顧録」に会議の最後の様子を次のように書いている。

〈最後に天皇陛下は御親《みずか》ら御発言遊ばされ先ず「枢相〔原嘉道枢密院議長〕の質問（引用者注：この御前会議に近衛内閣の提出した討議案件が「戦争を主として外交を従としている」と指摘し、あくまで外交的打開に努め、それが不可能の場合は戦争となるのかという旨）に対して統帥部が答えないのは甚だ遺憾である」と仰せられポケットから紙を御出しになり「四方の海皆はらからと思ふ世に／など波風の立ちさわぐらむ」との明治天皇の御製を二度朗読あらせられ「自分は常に明治天皇の平和愛好の精神を具現したいと思っておる」とお述べ遊ばされた。〉

昭和天皇がこの明治天皇の御製を詠みあげられたということは、あきらかに戦争不可、外交努力をいっそう推進せよというご意志の表明であろう。天皇は、婉曲に仰るのではなく、優柔不断固陋《ころう》な老家臣団にストレートに「汝らにもの申す。戦争は絶対にダメだ。万難を排して外交努力により解決せよ」と仰ればよかったのではないか。それが、たとえお立場を超えたご発言であろうとも。

石油の一滴は血の一滴――石油という最重要な兵站物資の確保

一九四一（昭和一六）年、資源の獲得を目指して日本がフランス領インドシナに進駐すると、米国は対日資産の凍結と石油輸出の全面禁止を実施した。この制裁に英国、オランダが加わり、石油輸入の道を断たれた日本は追い詰められた。そのような情勢下で「石油の一滴は血の一滴」とまで言われた。大東亜戦争に突入したのも、またその勝敗を分けたのも石油であった。大東亜戦争において最重要な兵站物資は、まさに石油であった。

このため、日本は南方油田獲得を目指し、一九四二（昭和一七）年二月一四日、陸軍挺《てい》進《しん》第二連隊（落下傘部隊）がスマトラ島パレンバンの二大精油所を奇襲して、無傷占領に成功した。

パレンバンを皮切りに、日本軍は戦闘の進捗に従いボルネオ、ジャワ、スマトラの油田・施設を確保した。その原油生産量は、開戦前年の昭和一五年度には年一〇三三万klであったが、日本軍が上陸・占領した昭和一七年度は年四一二万klと、昭和一五年度に比べ、三九・八％に低下した。その後、石油部隊の活動により、ピーク時は昭和一八年度第三四半期（一〇～一二月）には、一四・六万バレル／日と、開戦前の八二％にまで回復していた。

次の課題はその石油を安全に日本に運ぶことである。結果についていえば、南方の石油の生産量と還送量は以下に示すとおりである（単位：万kl）。

・一九四一（昭和一六）年：オランダによる生産量一〇三三。
・一九四二（昭和一七）年：生産量四一二に対して還送量一六八で還送率約一六％。
・一九四三（昭和一八）年：生産量七八九に対して還送量二三〇で還送率約二九％。
・一九四四（昭和一九）年：生産量五八二に対して還送量七九で還送率約一三％。
・一九四五（昭和二〇）年：還送ゼロ。

このように、日本にとっては血液に相当する南方の石油だが、占領以降、その生産量は一九四三年までは逐次回復している（対一九四一年比で七六％）。また南方の石油の日本への還送は、一九四三（昭和一八）年までの二年間は予定通りの成果を挙げることができた。しかし、一九四四（昭和一九）年になると激減した。なぜ還送量が激減したのだろうか。それは、一九四四年に入り、米国の本格攻勢で制海権・制空権を喪失し、敵の潜水艦や航空機にタンカーが攻撃され、その影響が出はじめたためである。

以下、日本のタンカーが米国の潜水艦や航空機に攻撃され、南方石油の還送が逓減していく経緯を説明したい。これについては、主に石油天然ガス・金属鉱物資源機構（JOGMEC）特命参与の岩間敏《さとし》氏の「戦争と石油（2）」と題する好個の論文がある。この論文には、大東亜戦争における日本の南方石油の還送をめぐる日米海軍の攻防の経緯が精密に描かれている。以下長くなるが、この論文の一部を要約・補足して掲載する。

開戦に先立つアメリカの対日軍事戦略

アメリカは、日露戦争直後から対日戦略計画の策定を開始した。1906年に初めて策定された計画は「オレンジ作戦」と呼ばれ、以後は時代・情勢に合わせて改訂された。日華事変が始まった昭和12年の翌年には新たな「オレンジ作戦」を策定した。この計画の骨子には「日本は当初、アメリカのアジアにおける拠点、フィリピンを攻撃、これに対しアメリカ海軍主力艦隊は太平洋を西進し、日本海軍と艦隊決戦する」ことと「アメリカは太平洋の制海権を把握し、日本に対して海上封鎖を実施、日本経済を枯渇させる」という二つの方針が示されていた。

アメリカはこの「新オレンジ作戦」を踏まえて、昭和16年3月、今度はイギリスとの間で「レインボー5号作戦」を策定した。「レインボー5号作戦」の骨子は①欧州戦線を優先し極東における軍事戦略は防勢、②アメリカは極東で現在以上に軍事力を増強しない、③日本の経済的弱体化、④アメリカ太平洋艦隊の適時攻勢使用（太平洋海域の海上交通線の封鎖・破壊、日本の南方委託統治諸島〔マーシャル諸島等〕の占領等が主軸）となっていた。ドイツとの戦争に苦戦しているイギリスに配慮した内容になっている。

アメリカ海軍による日本のタンカー攻撃

開戦時、南方石油還送のための日本のタンカー保有量は58万総ｔであった。貨物船、客船等を含む船舶の合計は634万総ｔで、タンカーの占める割合は9％であった。日本にとって血に等しい石油を求めて南方に侵攻したが、その輸送手段としてのタンカー保有数は少ないうえ、戦争開始の昭和16年度の建造タンカーはゼロに近かった。これらタンカーのうち大型の優良タンカーの半数以上は海軍に徴用（艦艇給油用）され、小型タンカーは外洋航海が困難であったため 実際に南方石油の還送に使用出来たのは20万総t前後であった。

南方原油の還送量を年間３００万kℓとした場合１万総トン級のタンカーが年間10航海（往復）するとの前提で約30万総t、還送量が年間４００万kℓの場合は約40万総tのタンカーが必要となる。企画院が想定した戦争3年目（昭和19年）の還送量は４５０万kℓで、このためには約45万総tのタンカーが必要になり、25万総t不足することになる。この不足分を充当するため、既存の貨物・鉱石船のタンカーへの改造、戦時標準型（簡易工法）タンカー等の建造が行われた

日本の南方石油の還送を阻止するため、アメリカは日本のタンカーに対し潜水艦、航空機、機雷を用いて集中的に攻撃した。太平洋正面に投入されたアメリカ海軍の潜水艦は、開戦時51隻（大型39隻、中型12隻）であった。当初、アメリカの潜水艦隊が使用した魚雷（Mark-14）は欠陥だらけであるのに加え、開戦時、フィリピンのキャビデ港にあるアメリカ海軍アジア艦隊の魚雷貯蔵庫を日本軍に爆撃され大量の魚雷（２３３本）

を失ったことによる魚雷数の不足等で艦隊の活動は停滞気味であった。

当時の潜水艦乗りにして、後に潜水艦映画の古典『深く静かに潜航せよ』の原作小説を著したエドワード・L・ビーチはこの当時を振り返って、「誇張なしに、開戦初期のアメリカの潜水艦隊は持てる力の15%しか発揮できていなかった。アジア艦隊では、問題が完全に解決するまでの間、魚雷の誤作動の確率は100%に近かった」と証言している。

しかし、昭和18年以降になると電池魚雷、魚雷用新トルペックス火薬（破壊力が1・5倍）、夜間潜望鏡の装備、潜水艦・機雷探知用FMソナーの開発、無音水深測深儀、敵味方識別装置（IFF）、マイクロ波SJレーダー（対艦船・航空機用）等の新兵器開発・搭載に加え、大西洋でのドイツのUボートとの戦いに教訓を得た「狼群戦法（複数の潜水艦が協同して敵輸送船団を攻撃する戦法）」の導入によりアメリカの潜水艦隊の攻撃能力は飛躍的に増大した。

昭和18年9月、アメリカ海軍作戦部長E・Jキング大将は「潜水艦の最優先攻撃目標は日本のタンカー」との命令を出している。加えて潜水艦の配備数も増強され、開戦時の51隻から、昭和18年9月には118隻と倍増した。潜水艦の配備数増加はその後も続き、昭和19年8月には約１４０隻、同年12月には１５６隻、昭和20年8月の終戦時点では１８２隻に達した。

さらに日本の石油還送に致命的となったのは、日本の輸送船団の港湾出発時刻、会合点（洋上での船舶の集合地点）、船団編成等の海軍暗号無線が解読されていたことである。日本海軍が自信を持っていた暗号は戦争の間ほぼ解読されていた。アメリカの潜水艦隊は集団で会合地点に先回りして輸送船団を待ち受け、包囲殲滅《せんめつ》作戦を行った。加えて制海権・制空権をアメリカに奪われるに従い、日本の輸送船団は航空機の攻撃にも曝《さら》されることになる。

ついに途絶えた還送原油

開戦時58万トン保有していたタンカーは、終戦時には25万ｔ（うち可動6・3万ｔ）に減少した。そのうち、外洋航海可能タンカーは「さんぢえご丸」（７２６９総ｔ、三菱汽船）ただ1隻になっていた。アメリカの海上輸送路破壊作戦により日本が失った船舶数（除く軍艦、５００ｔ以上）は２２５９隻、８１４万ｔで、うち４８６万ｔ（59・7％）が潜水艦、２４７万ｔ（30・3％）が航空機、40万ｔ（4・9％）が機雷によるものであった。昭和20年に入るとパレンバン等の主要占領油田、製油所の石油生産量は空襲により激減し、輸送船団の被害も増大した。

昭和20年1月、南方石油還送の任にあった「ヒ86船団」は、ベトナムのブンタオ沖合でアメリカ海軍の機動部隊による空襲により全滅した。この船団はタンカー4隻、貨物船6で編成され、原油・石油製品（約3・6万t）、ゴム、錫《すず》、ボーキサイト、マンガン等を積載し、護衛艦6隻とともに日本に向かう途中、アメリカ機動部隊の艦載機（延べ250機）の攻撃を受けた。タンカー4隻、貨物船6隻、護衛船3隻が沈没ないしは擱座《かくざ》（座礁）し、船団は壊滅した。この攻撃を行ったアメリカ海軍ハルゼー機動部隊（正式空母8隻、護衛空母8隻、艦載機1000機、戦艦6隻、重巡洋艦7隻他）は、この時、南シナ海で商船35隻、艦艇12隻28万t（昭和20年1月の喪失船舶数は42・5万t）を葬り「ハルゼー台風の襲来」と言われた。これをもって、南方石油の本格的な還送は途絶することとなった。

この事態は、日本の護送船団で最悪の被害を出した事例のひとつに数えられ、日本が大規模船団方式の護衛戦術を放棄する転換点となった。

補給船舶の護衛という思想が欠如していた日本海軍

日本のタンカーは、最初の宝国丸（帆船、94総t、明治40年建造）から昭和20年の終戦までに438隻建造されたが、このうち310隻が戦没している。防備のないタンカーは攻撃を受けると簡単に炎上・爆発、沈没した。このように多くのタンカーが戦没したのは、日本の陸海軍には補給船舶の護衛という思想が薄く、戦闘艦中心主義が支配していたためであった。

同じ島国であるイギリスは、第一次大戦時、ドイツのUボート攻撃による海上封鎖を教訓に、開戦とともに護衛艦隊を編成し、最終的には護衛空母43隻、艦艇800隻をもって対潜水艦戦を実施した。対潜兵器として前方投擲《とうてき》魚雷＝ヘッジホッグを開発・装備したほか、大船団方式（60〜80隻の大輸送船団＋護衛艦＋護衛空母のコンビネーション）、対潜水艦戦術（航空機＋護衛艦の組み合わせ）等、ハード・ソフトの組み合わせにより大戦後半には大西洋におけるドイツ海軍のUボートの活動をほぼ封じ込めることに成功した。

大戦中に戦闘参加したドイツのUボートは1060隻と多数であったが、1943年春をピークとして活動数は減少し、降伏時（1945年5月4日）には、43隻に減じていた。この戦果に比例して、連合国側の商船損失量も減少した。

日本の場合、海軍が海上護衛総司令部（司令長官及川古志郎大将）を設立したのは開戦2年後の昭和18年11月であった。当時の戦況は、ミッドウェー海戦（昭和17年6月）の敗退やガダルカナル島の戦い（昭和17年8月～昭和18年2月）で、海軍の戦力を大幅に削がれ、制海権がアメリカの手に握られた頃だ。中部ソロモン諸島へのアメリカ軍上陸が始まり、商船の累計喪失量が１００万tを超え、石油輸送ルートが寸断され始めていた時期であった。

永野軍令部総長は発足時の挨拶で「今になって海上護衛総司令部が出来るということは、病が危篤の状態に陥って医者を呼ぶようなものであるが、国家危急存亡の秋《とき》……」と述べている。

伊藤整一軍令部次長は、昭和18年9月の大本営政府連絡会議で「潜水艦による船舶の損害を月3万t程度に抑止するためには、護衛艦艇３６０隻、対潜航空機２０００機程度の常時整備・保有が必要」と述べているが、これは絵に描いた餅で、実際に配備されたのは95隻（旧型駆逐艦15、海防艦18、水雷艇7、商船改造特設砲艦4、掃海艇12、哨戒艇4、駆潜艇13、漁船改造特設掃海艇22）で、このうち、外洋航海、対潜攻撃可能艦艇は52隻のみであった。

護衛艦隊側からの艦艇増強の要請は戦闘艦建造至上主義の軍令部との対立を生み出したが、増加する商船・タンカーの喪失率に軍令部も海防艦の増強を認めることになる。海防艦は、昭和16〜20年度で計462隻の新造が計画されたが、実際に建造されたのは167隻であった。

護衛総司令部発足の1カ月後、各鎮守府、警備府から保有航空機252機を掻《か》き集めて、補給船舶の護衛艦隊航空団の第901海軍航空隊（千葉・館山）が編成された。また、商船改造の護衛空母4隻（雲鷹、海鷹、大鷹、神鷹）と第931海軍航空隊（大分・佐伯‥48機）も新編された。しかし、商船船団との連携運用がうまくいかず空母4隻のうち3隻は初出撃でアメリカ潜水艦の雷撃を受け沈没、1隻は瀬戸内海・呉でアメリカ海軍機動部隊艦載機の攻撃を受け、大破擱座している。海防艦の能力は、アメリカと比べ潜水艦探知装置（聴音機、探信機）の電子機器能力（真空管機器）が劣り、信頼性に問題があった。また、英国護衛艦が装備し、その有効性が確認されていた前方投擲魚雷＝ヘッジホッグは、日本では最後まで開発されなかった。致命的だったのは護衛艦の速度（時速16・5ノット）が遅く、浮上してジーゼル航行（時速20ノット以上）するアメリカ潜水艦に追いつけず、また搭載火力も米潜水艦の方が大きく、海防艦が逆襲を受けることもあった。米英海軍が大西洋で使用していた大船団輸送方式を採用したのは昭和19年4月からであったが、昭和20年に入り船舶数が減少すると、船団はかえって潜水艦の目標になるとして再度単独航海に切り変えたほか、海防艦による護衛抜きの特攻輸送船団の組み直し等輸送戦術（ソフト）面でもその場凌ぎの運用が行われた。

昭和19年4月、アメリカ海軍作戦部長のキング大将はアメリカ潜水艦隊に対し、「商船より護衛艦を先に屠《ほふ》れ」との指令を出した。そのため、「潜水艦を駆る護衛艦が潜水艦に駆られる」という逆転現象が生じていた。日本の海防艦は戦時促成造船方式で建造され、使用鉄板も商船並みであったため、攻撃を受けた場合の被害が大きく、雷撃を受けると沈没した。乗り組み士官は海軍兵学校出身でなく商船学校や一般大学・高専卒の予備士官が多かった。海防艦は171隻が配備され、うち72隻が撃沈されている。〉

このようにして、経済・軍事・国民生活の基盤となる石油は開戦後徐々に失われ、日本はまさに「失血状態」に陥ったのであった。これでは、戦争継続など望むべくもない。

日米攻防の転換はミッドウェー海戦
――勝敗を左右したのは兵站ではなく情報

日本は開戦から、真珠湾奇襲攻撃成功、東南アジアの制圧へと緒戦は破竹の勢いで成功した。しかし、開戦からわずか半年で日米は攻防の転換を迎えることになる。それが、一九四二（昭和一七）年六月四日のミッドウェー海戦であった。

山本五十六連合艦隊司令長官は、真珠湾攻撃で被害を免れた米機動部隊の空母ホーネットから発進した米陸軍B－25爆撃機一六機（ドゥリットル中佐指揮）が、緒戦の勝利に酔いしれていた日本本土（東京、川崎、横須賀、名古屋、四日市、神戸）を初空襲したことなどが発端で、ミッドウェー島攻略作戦を企図した。ミッドウェー島占領後は、周辺海域の制海権・制空権を握りハワイ・オアフ島の占領までも思い描いていた。

ミッドウェー海戦に参加した日米の戦力は日本が空母四隻、重巡二隻、軽巡一隻、駆逐艦一二隻で、米国が空母三隻、重巡七隻、軽巡一隻、駆逐艦一四隻と、ほぼ互角であった。

勝敗を左右した最大の要因は情報であった。米国は日本軍の暗号を解読していたのだ。米国の第一四海軍区戦闘情報班（ハワイ）班長のロシュフォート中佐は日本海軍が電報で、攻撃目標と思われる「AF」という秘匿略号を使っていることに着目し、一計を案じた。中佐は、偽情報として暗号化しない普通の文章（平文）で、「ミッドウェーの蒸留装置が故障中」という電報を打ってみた。すると、日本海軍ではすぐに「AFは水が欠乏している」という電報が飛び交った。これにより、ロシュフォート中佐は日本海軍の攻撃目標がミッドウェー島であることを突き止めたのだ。同中佐はそれだけではなく、日本海軍の兵力、指揮官、予定航路は勿論《もちろん》、ミッドウェー島攻略の日時（六月四日午前六時）までも解明していた。

こうなれば、孫子の兵法でいう「敵を知り己を知れば百戦危うからず」の言葉通り、日本海軍の作戦情報を事前に把握した米国が戦闘を行ううえで優位を占めるのは当然である。情報を先取した米海軍のエンタープライズ、ホーネットを基幹とする第16任務部隊（TF－16）とヨークタウンを基幹とする第17任務部隊（TF－17）は、日本海軍の主力空母四隻を撃沈した。

日本海軍は、この戦いで、空母のみならず多くの航空機や優秀なパイロットなどの将兵を失い、致命的な打撃を受けた。この敗戦により、大東亜戦争の局面（とくに制海・制空権）は日本にとって圧倒的に不利になった。

戦いは、兵站のほかにも様々な要素――戦力、情報、意思の疎通、作戦計画や指揮官の良しあし、天候気象、運など――によって勝敗が決まる。ミッドウェーの海戦では情報が決め手となった。

じつは、ミッドウェーの海戦でも、兵站の重要性が認められるエピソードがある。第17任務部隊（TF-17）の空母ヨークタウンは、ミッドウェー海戦直前のサンゴ海海戦（五月八日）で大破した（日本海軍は撃沈したと思っていた）。しかし米海軍は、同空母をハワイに曳航《えいこう》し、急速に修理したのだ。

当初修理期間は、三ヶ月と見積もられた。しかし、真珠湾攻撃を受けた責任で更迭されたキンメル大将のあとを継いで太平洋艦隊司令長官となったニミッツ大将は「三日で修理せよ」と厳命したため、ヨークタウンはミッドウェー海戦の戦列に加わったのである。もしヨークタウンが参加できなかったら、空母戦力の日米比が、参加の場合の四対三から四対二となり、米国は苦しい戦いを強いられていただろう。

この空母の短期修理は、米国の兵站能力のなせる業だ。米海軍の造船・修理能力の一端を紹介する。大東亜戦争開戦以降、日米両国が建造した艦艇の比率は次の通りである。

・大型空母：日本七隻対米国二六隻
・小型空母：日本八隻対米国七六隻
・戦艦：日本二隻対米国八隻（日本の二隻は開戦以前に着工した「大和」と「武蔵」）

この差は、国力のみならず、合理的精神の違いにもよる。米国は、部品を規格化して同じタイプの艦船を大量生産したが、日本の場合は「職人感覚」で丹念に一隻ずつつくることに拘《こだわ》った。

このことは、正宗の名刀を少数つくるのと、普通の刀を大量に生産するのに似ている。じつは、将校用の軍刀についても「質と量」に関わる問題があったのだ。大東亜戦争が勃発し、将校が大勢誕生し、軍刀の不足が生じた。これに対処するためには量産する必要に迫られた。この問題に関し、「造兵刀　Army Arsenal blade」という論文（http://ohmura-study.net/206.html）の一部を紹介する。

〈昭和16年、岐阜県立金属試験場でも日本刀古式鍛錬の機械化に成功した。これは「古式半鍛錬刀」と称され、製品には厳しい検査基準を設け、「関」、後に内務省令に依る

「桜の中に昭」を刻印して刀の品質を保証した。

軍刀需給の時局を冷静に判断していれば、これら優秀な量産向け刀身を正当に評価して製造を早期に且つ強力に推進すべきであった。日本刀神話に染まった刀剣界の軍嘱託や、一部の軍関係者達によって優秀な量産軍刀の製造が結果として阻害された。時局の判断すら出来ない輩に依って、深刻な軍刀不足を招き、軍刀政策を大きく誤らせてしまった。〉

正宗も普通の刀（古式半鍛錬刀）も、戦ううえで「性能（切れ味）」はさほど変わらないはずだ。もし、普通の刀と正宗の性能比が「一対一〇〇」というのなら別だが。

当時の日米の艦船技術なら「部品を規格化」しようが「職人感覚」によろうがそれほどの差はなかっただろう。当時の日本軍にもう少し柔軟な思考があればと悔やまれる。とはいえ、日本が艦艇を大量生産できなかった主たる理由は、そもそも造船施設、材料、マンパワーが足りなかったことに尽きよう。

ガダルカナル島の戦い──日本の戦力・兵站の著しい消耗

ミッドウェー海戦に引き続き、日本の戦力（船舶の輸送能力含む）を消耗し、日米の攻防の転換点となったのはガダルカナル島の戦いであった。ガダルカナル島の戦いは、一九四二（昭和一七）年八月以降約半年の間日本軍と連合軍（米軍）が西太平洋ソロモン諸島のガダルカナル島をめぐって繰り広げた戦いである。ミッドウェー海戦とともに大東亜戦争における分水嶺《ぶんすいれい》になった戦いだ。日本側は激しい消耗戦により兵員に多数の餓死者を発生させたうえ、軍艦三八隻、航空機二〇七六機、燃料、武器等多くを失った。

日米双方が、太平洋を舞台に戦ううえで、決め手となったのは制海権・制空権である。その観点から、この戦いで軍艦三八隻、航空機二〇七六機を失ったのは日本軍にとって極めて大きなダメージである。それにも増して、錬成困難な艦載航空機のパイロットを多数失ったのは甚大な痛手であった。

この戦いを「兵站を読み解くカギ」で分析してみたい。

「カギその四」で説明したように、ケネス・ボールディングの戦力（兵站）逓減理論によ

図8　ガダルカナルの戦いにおける日米の戦力・兵站の推移

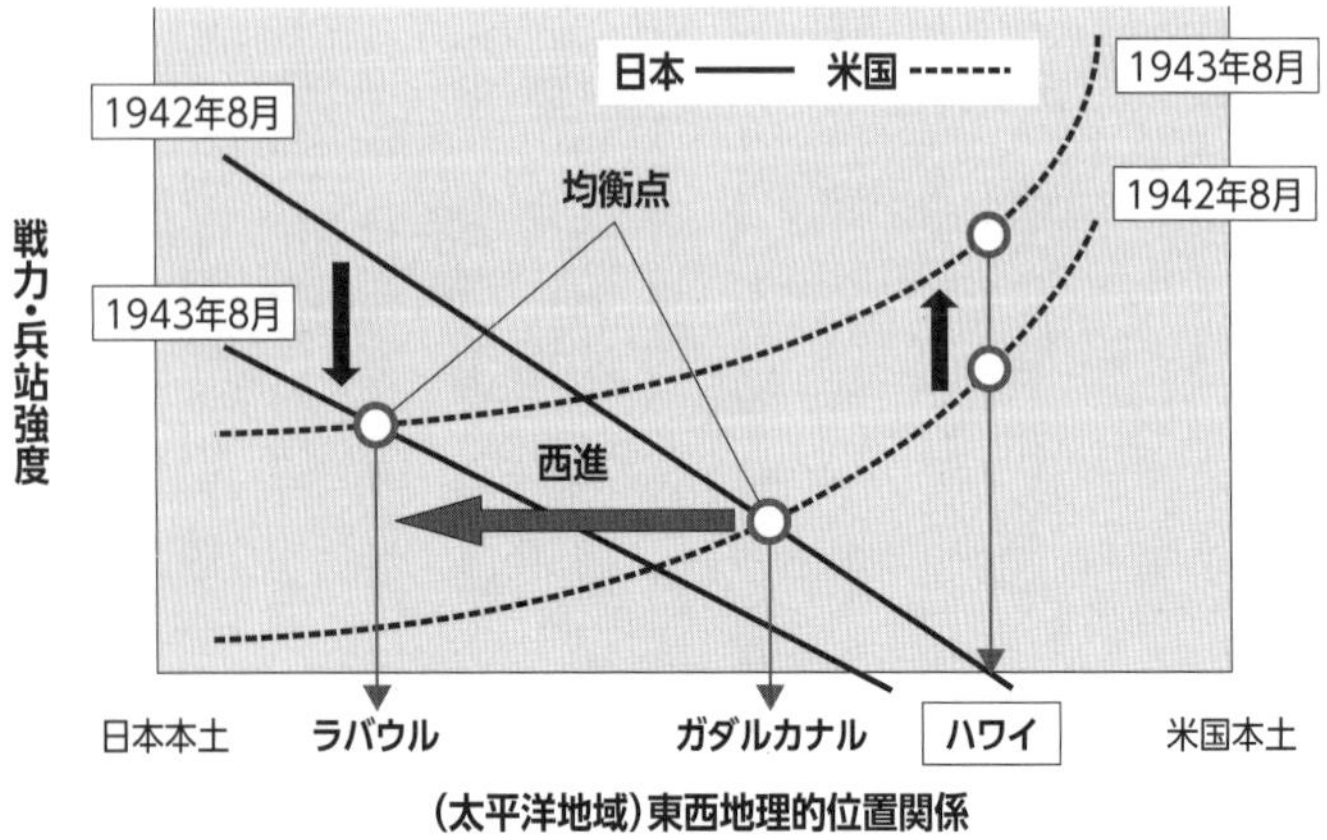

れば、戦力（兵站）は地理的な距離が遠くなればなるほど落ちる。大東亜戦争においては、ガダルカナル島は日本から最も遠い戦地であった。東京とガダルカナル島の距離は約六〇〇〇㎞、一方、太平洋における米国最大の軍事拠点であるハワイ・オアフ島とガダルカナルの距離は約六五〇〇㎞と、ほとんど同じ距離である。

図8は、日米それぞれの策源地（日本は本土、米国はハワイ）からガダルカナル島までの距離と戦力・兵站の逓減する様子を示したものである。一九四二（昭和一七）年八月の時点では、ガダルカナル島における日米の戦力は拮抗《きっこう》していた。しかし、「リメンバー・パールハーバー」を合言葉に、国家総動員で

戦力を急速に増強する米国は図のように戦力が上昇したのに対し、もともと資源に乏しく工業生産力が劣る日本は、ミッドウェー海戦に引き続き、ガダルカナル島をめぐる戦いでも戦力を消耗し、図のように下降しつつあった。このため、日米の戦力の均衡点は西のほうのラバウルあたりに後退していたのである。

それゆえ、ガダルカナル島周辺においては、海軍戦力、航空戦力に加え兵站能力に上回る米軍は逐次日本軍を圧倒した。制海権・制空権を米軍に奪われたあと、日本のガダルカナル島に対する兵站は困難を極めた。低速の輸送船はガダルカナル島に近づくことができず、物資の輸送は高速の駆逐艦による「鼠《ねずみ》輸送」(前線部隊が充分な物資を運べる低速の輸送船を使用できなくなったことを揶揄《やゆ》して名付けた俗称)が中心だった。そのうえ、駆逐艦による輸送であっても、一〇月下旬の第二師団総攻撃失敗以降、わずか三ヶ月の間に一〇数隻の駆逐艦が撃沈される結果となった。やむなく潜水艦による輸送まで試みられていたが、駆逐艦以上に搭載力が小さく、成功しても効果は微々たるもので将兵の命をつなぐ食糧さえも途絶した。本来なら、参謀本部はこの時点で「撤退」を決めるべきであったがいたずらに餓死・病死者を増やすばかりで決断できなかった。

参謀本部には緒戦における連戦連勝の余韻が残っており、ガダルカナルでの負けを認めることはなかなかできなかったのだろう。ミッドウェーで負けた海軍も、いやいやながらも「海軍の事情で撤退してくれ」とは言い出せない。終戦の決断において、すったもんだした挙句、原爆を二発も落とされてからようやく「聖断」という形でポツダム宣言の受諾が決断された経緯を見れば、「降伏」よりも〝格下の問題〟であるガダルカナル島からの「転進」という決断でさえも、タイムリーにはできない統帥上の〝不可解なメカニズム（迷路）〟があったのだろう。

一方、戦力に余裕のある米軍は、八月の上陸以来、戦いの主力を担って疲労が大きく、マラリアにも苦しめられていた第一海兵師団を一二月半ばに第二海兵師団と交代させて、オーストラリアで休養、戦力回復させる余裕さえあった。一月には米軍の兵力は陸軍と第二海兵師団の五万人余りとなり、積極的な攻勢を開始した。

ガダルカナル島の戦いは日本の継戦能力の限界を超えた状況となっており、一一月二四日にはある将校がその様子を「そこらじゅうでからっぽの飯盒《はんごう》を手にしたまま兵隊が死んで腐って蛆《うじ》がわいている」旨を大本営に報告したほどだった。

ようやく、一二月三一日の御前会議において「継続しての戦闘が不可能」としてガダルカナル島からの「転進」が決定された。この決定からさらに一ヶ月を経た一九四三（昭和一八）年二月一日から七日にかけて、ようやく撤退作戦が行われた。

ガダルカナル島最後の撤退作戦に参加した海軍輸送部隊指揮官の言によると、撤退するのが難しい傷病兵の多くは捕虜になることを防ぐため、手榴弾などで自決するか、戦友たちの手（手榴弾・銃・銃剣など）によって葬られたという。

日本軍撤退作戦終了後、ガダルカナル島はソロモン諸島における米軍の新たな航空・兵站基地として使用されたが、米軍は、残兵掃討という名目で日本兵の生き残りを標的にした実弾射撃訓練を行い、部隊の練度を上げたといわれる。戦後刊行されたグラフ雑誌『ライフ』には、米軍の捕虜となった日本の傷病兵などが、戦車の前に一列に並べられ、キャタピラでひき殺されている様子が掲載されたという（『戦争体験の真実　イラストで描いた太平洋戦争一兵士の記録』滝口岩夫著　第三書館刊）。

そんな過酷な環境のなかでも生き抜いた日本兵がいた。ガダルカナル島最後の日本兵が投降したのは、一九四七（昭和二二）年一〇月二七日である。

本来ならば、ガダルカナルからの「転進」を機に、一九四三年早々には米国をはじめとする連合国との本格的な終戦工作・交渉を開始すべきであったと思う。

最大限膨らんだ風船（日本）はなぜ萎み、遂には破裂してしまったのか
――大東亜戦争を「兵站を読み解くカギ」で考証する

第一章で「兵站を読み解くカギ」として、以下の五項を提示・説明した。

＊「カギその一」：兵站を心臓・血管・血液・細胞などの譬《たと》えで説明する
＊「カギその二」：内線作戦と外線作戦――海洋国家米国とユーラシア大陸国家との戦いの基本構図
＊「カギその三」：マハンのシーパワーの戦略理論と兵站
＊「カギその四」：ケネス・ボールディングの「力（戦力）の逓減理論」――戦力は地理的な距離が遠くなればなるほど逓減する
＊「カギその五」：作戦正面の長さ・面積と兵站の関係――バルバロッサ作戦
＊「カギその六」：地政学と兵站

ミッドウェー海戦まで破竹の勢いで米英を撃破し、最大限に版図を広げた日本が、次第

図9　日本本土と占領地の距離

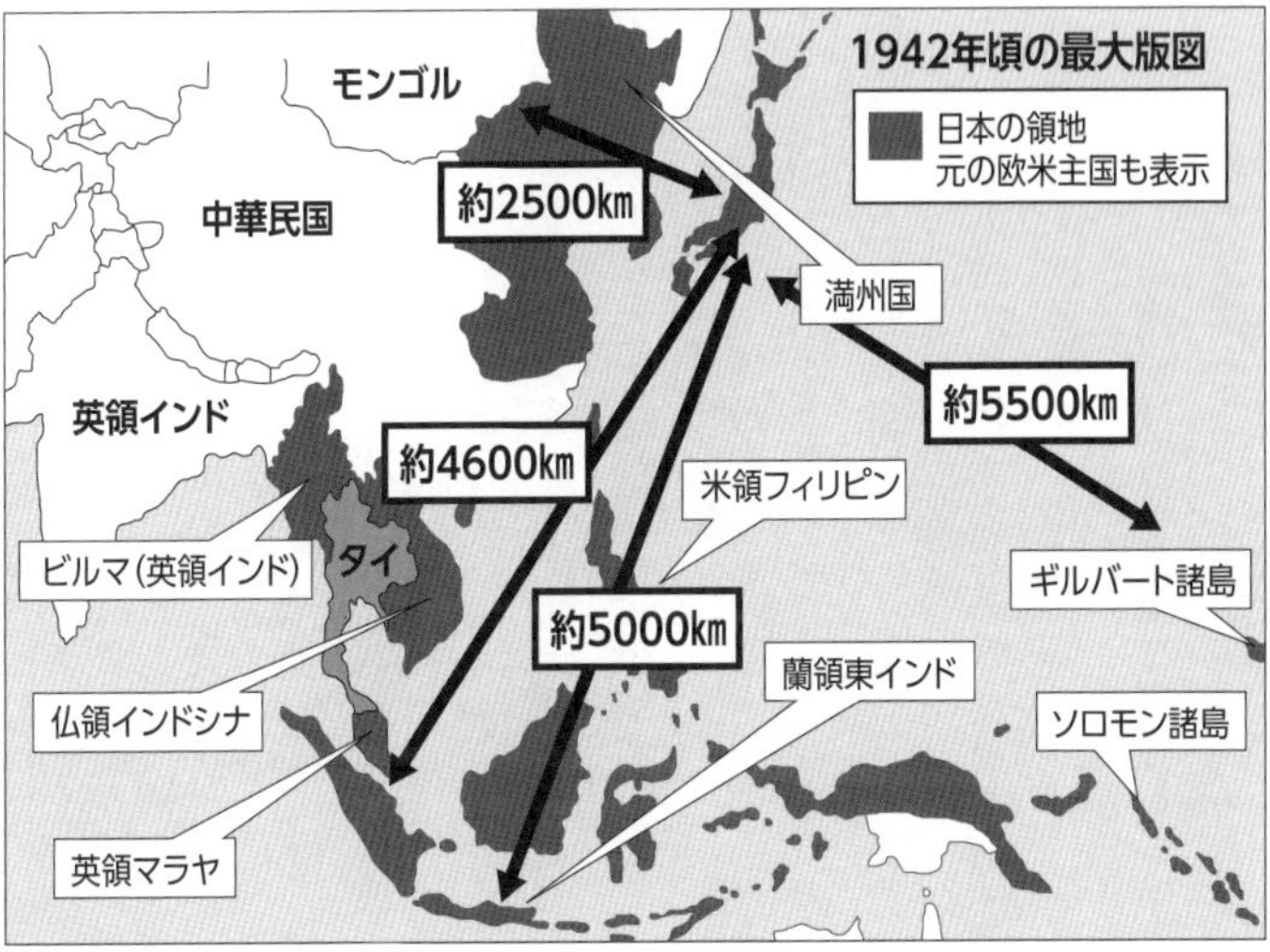

に勢いを失い、後退を続け、遂には敗戦を余儀なくされた。以下、「兵站を読み解くカギ」を用いて、その理由を考証してみたい。

図9は、一九四一（昭和一六）年ごろの日本軍が占領支配・影響下においた最大版図である。東京からの距離は、モンゴル国境までが約二五〇〇km、シンガポールまでが約四六〇〇km、蘭領東インドまでが約五〇〇〇km、ギルバート諸島までが約五五〇〇kmある。

この版図の広さを、『カギその一』：兵站を心臓・血管・血液・細胞などの譬えで説明する」に照らしてみよう。日本（本土）を「心臓」に置き換えてみれば、その血液（兵力や兵站などに相当）を送り出す基礎体力（国力）は十分だったのだろうか。日米の基礎体力を比べてみよう。
「無謀な太平洋戦争……開戦時、『日米経済格差』はこんなに拡がっていた——それでも日本が戦いを挑んだ理由」という記事（「現代ビジネス」https://gendai.ismedia.jp/articles/-/57013）で加谷珪一《かやけいいち》氏は次のように述べている。

〈太平洋戦争の遂行が、日本の基礎体力をはるかに超えたものであることは、戦争に投じた費用の大きさを見れば一目瞭然である。日中戦争を含む太平洋戦争の名目上の戦費総額（一般会計と特別会計）は約７６００億円だが、これは日中戦争開戦時のＧＤＰ・２３０億円（厳密にはＧＮＰ）と比較すると約33倍、当時の国家予算（一般会計）に対する比率では２８０倍という、天文学的数字である。

これに対して、米国における第2次世界大戦の戦費総額は約３０００億ドル。開戦当時の米国のＧＤＰは９２０億ドルなので、ＧＤＰ比は3・2倍となる。米国は太平洋戦争と同時に、欧州では対独戦争を実施している。大規模な戦争を２つ遂行しているにもかかわらず、この程度の負担で済んでいることを考えると、米国経済の基礎体力の強さ

が分かる。〉

日米の基礎体力の差は、鉱工業生産力においてもその差が際立っている。

・艦艇：日本の四・五倍
・飛行機：日本の六倍
・鋼鉄：日本の一〇倍
・石炭：日本の一〇倍
・電力量：日本の六倍
・原油生産量：日本の七四〇倍（米国は日本の一年分の生産量を半日で生産）

さらに加えれば、米国の精神力だ。「リメンバー・パールハーバー」を起爆剤として「ヤンキー魂」に火を点け、国家総力戦を展開した米国の底力には驚かされる。

日本に止めを刺した原子爆弾は一九四二（昭和一七）年一〇月に承認された以降、開発プロジェクトがスタートした。そして、僅《わず》か三年足らずで、人類初の恐ろしい破壊力を持つ核兵器を開発し、一九四五（昭和二〇）年八月には広島と長崎に投下した。緊急事態に発揮される「ヤンキー魂」という米国人の闘争心の凄さには圧倒されるばかりだ。このように、米国の「ヤンキー魂」と強力な心臓は、日本の大和魂と心臓よりも圧倒的に大きくかつパワフルだった。

次に、図9を見て気付くのは、『カギその五』：作戦正面の長さ・面積と兵站の関係――バルバロッサ作戦」が当てはまることである。

第一章ではヒトラーのドイツ軍が広大なロシアの国土に侵攻し、進めば進むほどその兵力も兵站も拡散してしまい、ソ連赤軍との戦いが徐々に不利になっていく様相を説明した。ドイツ軍と同様に、基礎体力の乏しい日本も、緒戦の戦いに勝って、アッツ島・キスカ島~樺太《からふと》の約半分~満洲~シナの一部~東南アジア~南太平洋諸島~大鳥島（ウェーク島）~タラワ島などで囲む広大な陸・海の領域を占領・影響下に置いた。この領域の広さは、米本土をも上回る広さであった。

大東亜戦争に先立つ、支那事変においてさえ、数個師団を投入したが、その戦場の広さゆえに兵力が足りず、占領・支配地域を「面」としてではなく「点と線」でしか確保できなかった。いわんや、図9のような支那の数十倍の広さの大陸・島嶼《とうしょ》・海洋を、日本の陸海軍とその兵站支援能力で占領・確保するのは極めて無理があったことは容易に理解できよう。

このような、海洋主体の広大な戦域で行う作戦は、米国にとっても困難であった。米国が日本を屈服させるためには、最終的に日本本土（策源地）を直接攻撃する必要がある。そのためには一万kmに近い太平洋を横断する作戦が必要となる。米国が太平洋を横断して遠距離の攻勢作戦を行うためには、『カギその三』：マハンのシーパワーの戦略理論と兵站」と『カギその六』：地政学と兵站」で説明した「シーレーンの確保」が極めて重要となる。

既に述べたが、シーレーンを守るためには、制海権（海軍・空軍）、制空権（空軍・海軍）、基地（不沈空母）が不可欠である。米国は第二次世界大戦以降、移動可能な基地として制海権（海軍・空軍）と制空権（空軍・海軍）の機能を併せ持つ空母機動部隊を編成した。

大東亜戦争においてガダルカナル島と東部ニューギニアの東端に拠点を築いた米軍は、三〜四ヶ月かけて十分に戦闘準備を整えた。そして、一九四三年六月末に日本に対する一斉攻撃を開始した。

日本軍を攻撃する米軍は以下のように、ふたつのグループ（「軍」という編成）に分かれていた。

図10　ニミッツとマッカーサーの攻撃ルート

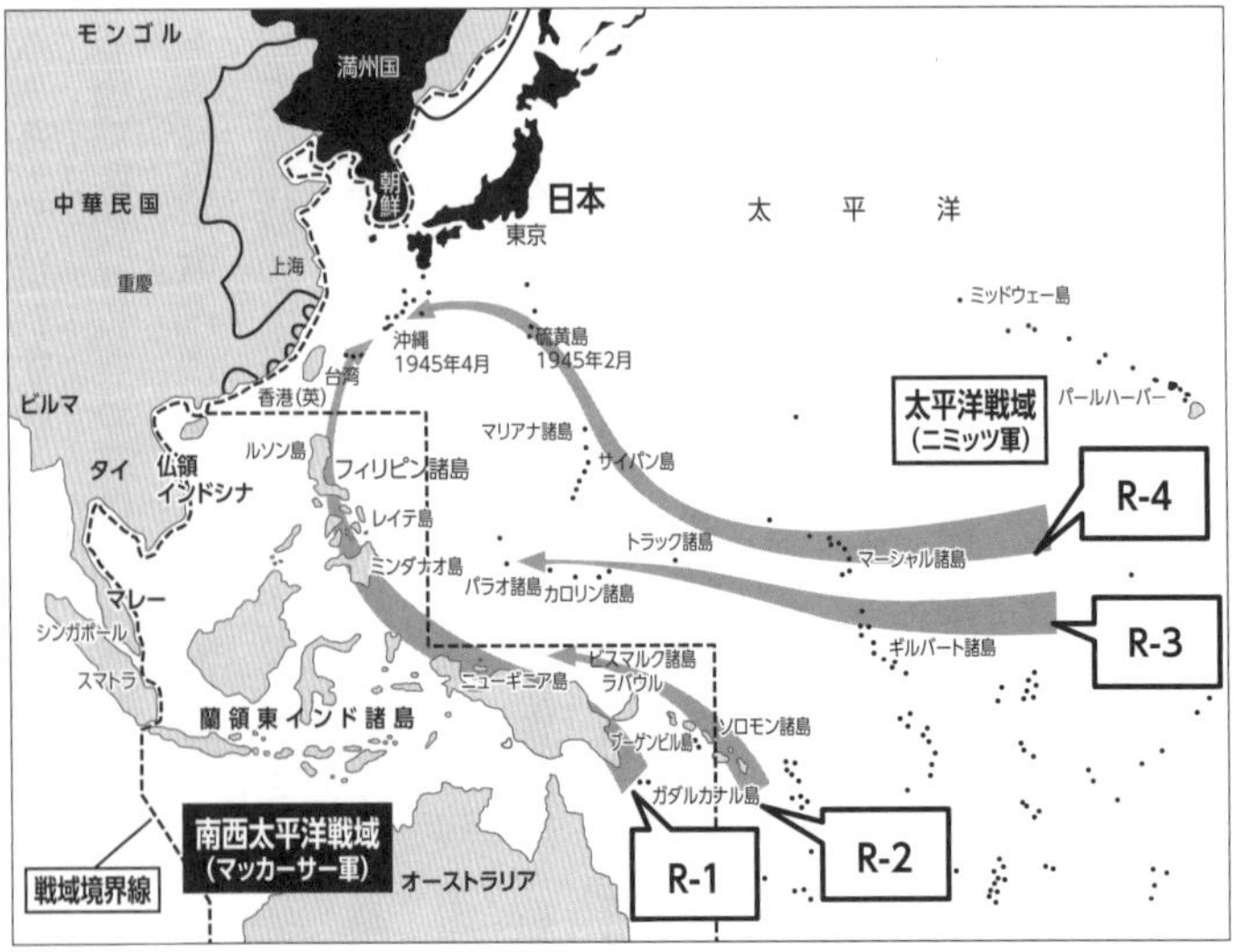

①ハワイに拠点をおく太平洋艦隊司令長官チェスター・W・ニミッツ大将（太平洋艦隊司令長官）が率いる太平洋方面軍――ニミッツ軍

②オーストラリアに拠点をおくダグラス・マッカーサー大将が率いる連合国南西太平洋方面軍――マッカーサー軍

米陸軍主体のマッカーサー軍は、図10の矢印R－1に示すようにニューギニア―レイテ島―ルソン島を北上し、米海軍主体のニミッツ軍は図の矢印R－2、R－3、R－4に示すように中部太平洋から北上、両軍

図11　ラバウル島とマヌス島の位置関係

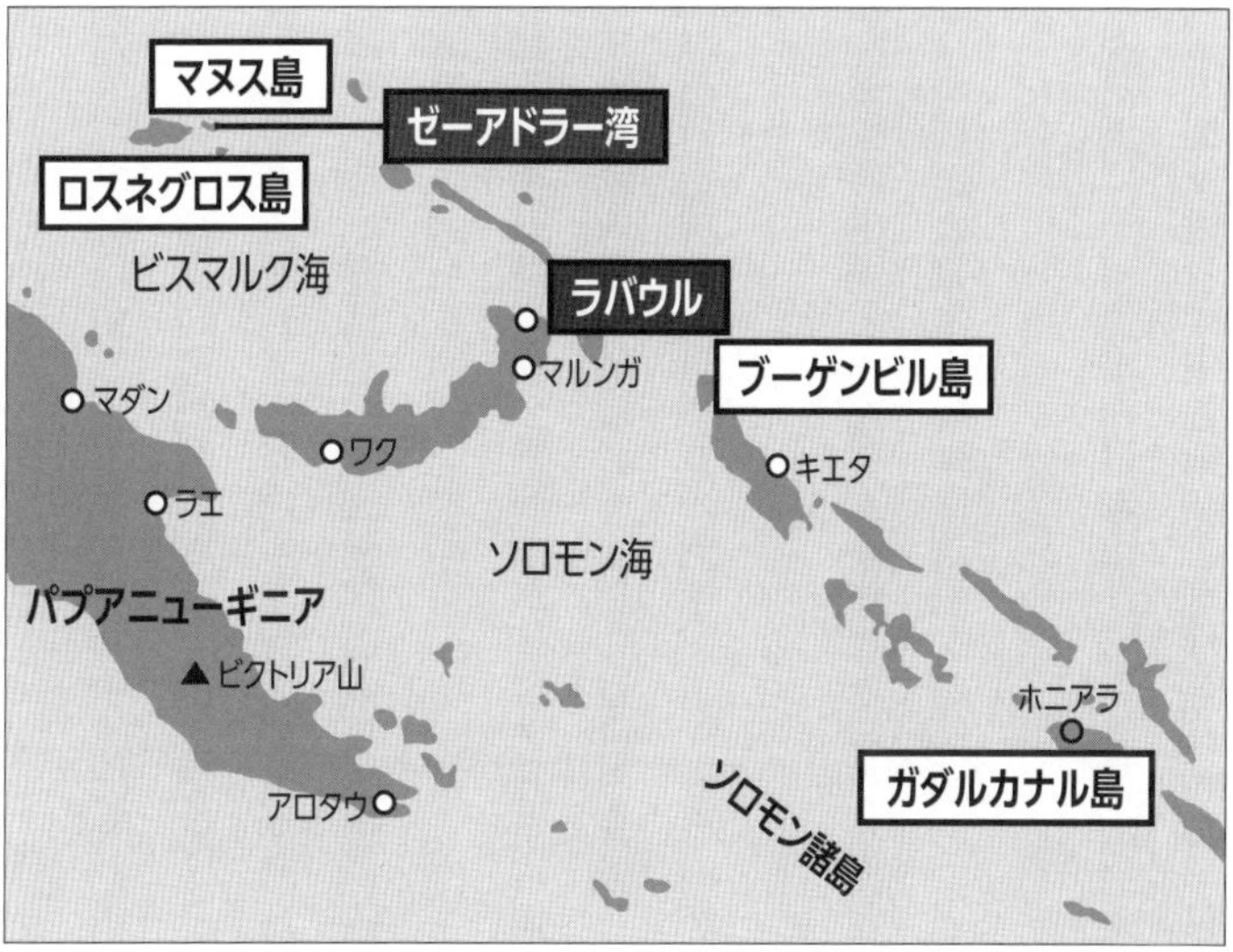

で日本本土と太平洋諸島の補給路を遮断する戦略であった。

ニミッツ軍は当初、図10の矢印R－2に示すように、ガダルカナル島から西のソロモン諸島を島伝いに、日本軍を撃破してブーゲンビル島に到達した。

このニミッツ軍の進攻に合わせて、図10の矢印R－1に示すように、マッカーサー軍はニューギニアの北岸伝いに上陸して（蛙《かえる》飛び作戦）補給基地を建設した。

ソロモン諸島でもニューギニアでも日本軍は全力で抗戦したが、十分に戦闘準備を終えた米軍には歯が立たなかった。その後、ニミッツ軍とマッカーサー軍は協議の結果、最大の日本軍部隊（約一〇万人）が駐屯するラバウルへの上陸作戦を中止し迂回《うかい》することを決定した。

これは第三艦隊司令長官ハルゼーの「アドミラルティ諸島のマヌス島（ラバウル北西約四〇〇km）を占領し、ラバウルを包囲遮断すれば南太平洋方面での日本軍の作戦は成立しなくなる」という意見に米太平洋方面軍兼連合国軍最高司令官のニミッツ大将などが同意したものだ（図11参照）。

一九四四年三月には、米海軍がマヌス島を占領した。マヌス島の東端には弓状に湾曲したロスネグロス島が隣接し、天然の良港を形成しており、大艦隊を収容できるゼーアドラー湾があった。米海軍はこの湾を、アドミラルティ泊地と名付け、根拠地を造成・構築した。

ハルゼーが推理した通り、すでにラバウルの日本航空隊に十分に戦うだけの力はなく、ラバウル周辺の日本軍陣地を攻撃・占領することなくラバウルを孤立・無力化させることができた。

その結果、ラバウルの日本軍は戦いの役に立たない遊兵部隊となり、大東亜戦争が終結するまで畑を耕して生き延びるだけとなった。日本海軍には、ラバウルから部隊を撤退するための輸送船を差し向けるだけの余力はなかった。

米軍が日本を敗戦に追い込むために最終的に攻撃占領したのはB-29の基地を設定する島だった。それが、サイパン、テニアン、グアム、次いで硫黄島と沖縄だった。

B-29の航続距離は、爆弾九〇〇〇kg搭載時が五二三〇km、爆弾七二五〇kg搭載時が六六〇〇kmであった。爆弾九〇〇〇kgを搭載したB-29は、サイパン、テニアン、グアムを飛び立ち、策源地である日本の工業地帯を爆撃することができるようになった。

因みに、広島にウラン型原子爆弾の「リトルボーイ」を投下したB-29「エノラ・ゲイ」はテニアンの基地から発進した。

日本本土空襲のため、サイパン、テニアン、グアムから出撃したB-29の大編隊は、航続距離としてはギリギリであり、計算を誤ると燃料不足が生じたり、また、日本の迎撃戦闘機による攻撃で被弾したりした機体は、帰還が困難となる事態が発生した。

そこで奪い取った硫黄島に飛行場を整備し、不時着基地として大いに活用された。硫黄島の地上戦で多くの犠牲を出した米軍であったが、硫黄島の奪取により、多くの米軍パイロットの命が助かったのも事実である。

硫黄島のもうひとつの大きな利点は、B-29の大編隊に対する護衛戦闘機P-51マスタングの直接掩護《えんご》が可能になったことだ。P－51はわずか一二〇日の開発期間でつくられたという経緯があるが「零戦より圧倒的に傑作。史上最高のレシプロ機」と評される。P－51は高性能戦闘機であるが、爆撃機のように多くの燃料が積めず、航続距離が短いためサイパンからの出撃は不可能だった。しかし硫黄島から日本への出撃であれば可能であった。それまで丸腰であったB－29の編隊は日本の迎撃戦闘機に撃墜されたこともあった。しかし護衛戦闘機P－51の登場により、これらの被害は激減した。

ニミッツは、『ニミッツの太平洋海戦史』（恒文社刊　実松譲、冨永謙吾共訳）という共著の序文で「貿易しなければ衰微する」という英国のスローガンを紹介しているが、まさに大東亜戦争における対日戦略の本質を的確に表現した言葉である。

貿易立国の日本が、戦時に戦いを継続するためには資源を海外から仕入れ、それを兵器や軍需物資として製品化して、再び海外の戦地（基地）に補給する必要がある。それゆえ、日本を敗戦に追い込むためには日本の海上輸送路＝シーレーン（兵站線）を遮断することと、策源地（日本本土の工業地帯）への直接攻撃（爆撃）が決め手となる。この言葉こそが、ニミッツが対日戦争を行ううえで一貫して念頭に置いた戦略指針であったのだろう。

インパール作戦

唐の詩人曹松《そうしょう》の詩「己亥《きがい》の歳《とし》」の結句「一将功成りて万骨枯る」は広く知られている。ひとりの将軍が挙げた目覚ましい功績(手柄)の陰には、大勢の兵士の痛ましい犠牲があるという意味だ。それに倣えば、インパール作戦は「一将功成らずして万骨枯る」ということになる。

一九四四(昭和一九)年三月、日本軍は三個師団を繰り出して、連合軍の反攻の中心地であるインド・マニプル州の州都インパールを攻略する作戦を開始した。前年から始まった連合軍の反攻を食い止め、中国・国民党政府への援助(=兵站支援)を遮断するためだった。

いったんは、連合軍にとっての拠点のひとつ「コヒマ」まで進み、これを制圧、連合軍の補給ルートを遮断できそうに見えたが、日本軍は前線への補給が続かず、作戦は発動から三ヶ月あまりで失敗に終わった。前線からの撤退は生憎雨季にさしかかり、密林のなかで食糧のないまま撤退を始めた将兵たちは、病と飢えで次々に脱落、将兵の死体が溢れたその撤退路は「白骨街道」とまで呼ばれるようになった。

図12　インパール作戦概略

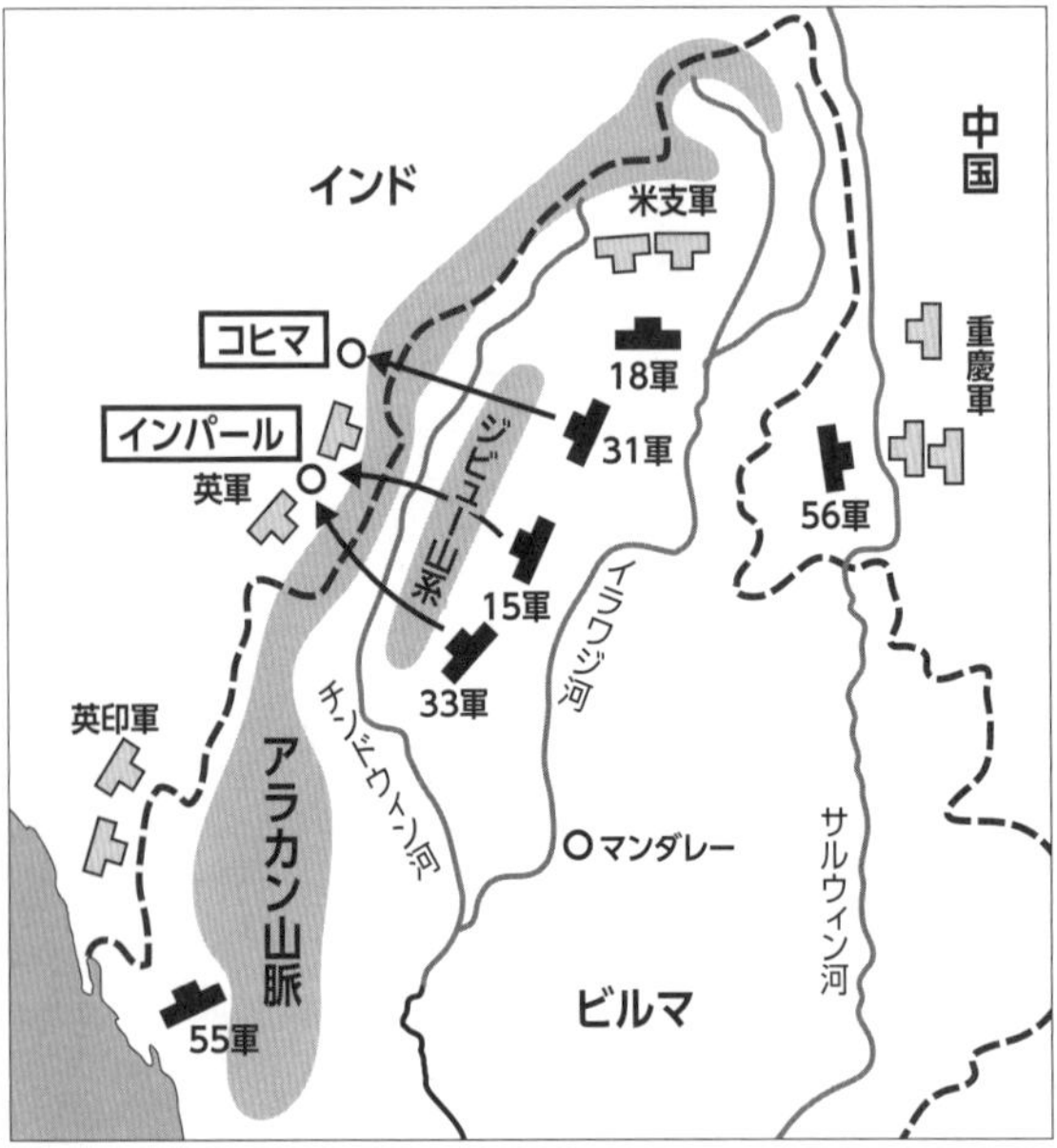

第一五軍司令官の牟田口廉也《むたぐちれんや》中将の作戦失敗で、日本軍は戦死または行方不明二万二一〇〇人、戦病死八四〇〇人、戦傷者約三万人と推定される損害をこうむった。これはガダルカナル島の戦い（死者一万九二〇〇人「そのほとんどの約一万五〇〇〇人以上が餓死、病死といわれる」、捕虜一〇〇〇人）を上回る甚大な損害であった。

　インパール作戦は、当初から無謀な作戦であるとの反対意見が多かったにも拘《かかわ》らず、牟田口軍司令官によって強引に進められ、戦闘中に師団長が独自に撤退を決めて更迭されるなど特異な事態が出現、戦後も長きにわたって批判された。

この作戦失敗の原因を、兵站の見地から分析すれば、以下の四点が挙げられる。

①インパール作戦を発案・計画・実行した牟田口中将個人の資質
②作戦計画のなかの兵站計画の杜撰《ずさん》さ
③作戦発動についての意思決定の杜撰さ
④敵英軍の合理的（兵站上）な戦略――北アフリカの対ロンメル戦で学んだ英軍

以下、これについて詳述する。

インパール作戦を発案・計画・実行した牟田口中将とはどんな人物だったのか

こんな無謀な作戦を発案し、それを計画・実行した第一五軍司令官の牟田口中将とは、一体どんな人物だったのだろうか。牟田口は日本の運命に関わる戦いの先鞭《せんべん》をつける役回りを宿命付けられたと思われる男だった。一九三七（昭和一二）年七月七日夜半に発生した盧溝橋《ろこうきょう》事件のときは、現地にいた支那駐屯歩兵第一連隊の連隊長であった。牟田口は、同連隊第三大隊長だった一木《いちき》清直《きよなお》少佐から、同大隊第八中隊が中国軍の銃撃を受けたとして反撃許可を求められ、「支那軍カ二回迄モ射撃スルハ純然タル敵対行為ナリ断乎戦闘ヲ開始シテ可ナリ」（支那駐屯歩兵第一連隊戦闘詳報）として戦闘を許可した。

日中戦争はまさしく大東亜戦争の序曲となるものであった。中国軍の銃撃を受けたとして直ちに反撃を命じた決心が、じつは日本の運命を大きく変えるものであった。一見軍人としては勇猛果敢に見え、「よくやった！」と言いたいところであるが、戦略的な深みのある思考をすべき（国家の命運を担う）将軍としての視野・判断力という観点からすれば、「不十分」と言わざるを得ない。天皇が親補――天皇が特定の官職を親任すること――する師団長以上の人事は、まさに国家の命運がかかる重要なものだ。牟田口はのちに陸軍中将に昇り第一五軍司令官に親補されたことを思えば、帝国陸海軍の人事（将官昇任選考と補職）の適否が、大東亜戦争の結果に表れていると筆者は考える。このことは、インパール作戦を認可した将軍たち――東條英機総理、寺内寿一南方軍総司令官、河辺正三ビルマ方面軍司令官――についてもいえよう。

牟田口は、自身が日中戦争（支那事変）の端緒をつくりだしたと、そのことを自信と誇りに考えるようになったようだが、それが無謀なインパール作戦の伏線になっているような気がする。盧溝橋事件の真相は、中国共産党の謀略で、中国第二九軍が起こしたとする見解を前提にすれば、牟田口の自意識過剰は味方を騙《だま》す――無謀な計画を詭弁《きべん》を弄して承認させる――だけではなく、敵からも騙される――中国共産党の謀略のみならずインパール作戦では英陸軍スリム中将に嵌《は》められる（これについては後で説明）――ことにつながるものだと思う。

牟田口はその後、第一八師団長としてビルマ戦線に加わった。一九四二（昭和一七）年八月下旬、南方軍は、「二一号作戦」と称してインパール方面（英軍拠点・援蔣ルート）への侵攻作戦を上申し、大本営は、この意見に同調して作戦準備を命じた。

これに対し、牟田口師団長は上司である飯田祥二郎第一五軍司令官とともに「兵站面の準備不足で実現の見込みがない」として反対し、同作戦を無期延期とさせた。牟田口は二一号作戦に反対したことについて、「大本営や南方軍の希望を妨げ、第一五軍の戦意を疑わせてしまった」として「後悔」している。

このときの「後悔」が、「兵站面の準備不足で実現の見込みがないなどと泣き言を言わずに万難を排してやる」と真逆の思考（志向）をする伏線になったのではないか。

同年一〇月以降、ビルマ西岸地区において第一次アキャブ作戦など英軍の反攻作戦が起きるようになった。

一九四三（昭和一八）年前半、英軍は、陸軍将校のオード・ウィンゲート少将が新しく開発した戦法――空挺侵入・空中補給などにより特殊作戦部隊がジャングルを克服して長距離浸透するゲリラ戦術――を試行した。これにより、地形的に防衛側（＝日本軍）有利と思われたチンドウィン河東方のジビュー山系を越えて行う英軍の反攻が可能なことが示された。日本陸軍第一五軍はウィンゲート旅団を撃退したものの、今後さらに英軍が活発な反攻作戦を展開してくることが予想された。英軍の軍事作戦に対する柔軟・創造的な取り組みが日本軍にもあれば、戦局はもっとましなものになっていたかもしれない。

このころ、太平洋方面の戦況は悪化しており、ビルマでは太平洋方面へ航空兵力が転用されるなど、戦力低下が生じていた。そのような状況のなかで、日本はビルマにおける防衛体制の刷新を図り、一九四三（昭和一八）年三月にビルマ方面軍を創設した。そしてその隷下の第一五軍司令官に牟田口中将を昇格させたのだ。この組織再編・人事異動により、第一五軍司令部においては牟田口以外の要員の多くが入れ替わってしまった。そのため、現地事情に詳しいのは牟田口と参謀（防衛担当）の橋本洋中佐だけとなってしまい、新任の指揮官や幕僚たちが牟田口のビルマでの経験に頼らざるを得ない状況となった。これが牟田口の独断専行発生の構造的な要因となり、インパール作戦失敗の遠因ともなったといわれる。

インパール作戦における兵站計画の杜撰さは致命的

インパール作戦計画の難しさ、とくに兵站面の問題は、その地形・気象・民情に起因している。兵士たちは重い荷物を担ぎ、野砲などの重火器を分解して搬送し、牛や馬まで連れて、川幅六〇〇mにもおよぶチンドウィン河や標高二〇〇〇～三〇〇〇m級のアラカン山脈を越えなければならなかった。また、五月～一一月の雨期になれば豪雨が降り、川は激流となり、道路は泥濘《でいねい》化《か》する。インパールへの一本道沿いには少数民族の村落はあるが、万単位の兵士の食糧を調達することなど不可能であった。

このような地形・気象・民情を念頭に、インパール作戦の兵站路について「兵站を読み解くカギ」の『カギその一』：兵站を心臓・血管・血液・細胞などの譬えで説明する」で読み解けば、インパール作戦の兵站は、「長くか細い目詰まりの多い一本の動脈だけで、とても三個師団の大兵力（約九万人）を支える兵站支援を行えるものではない」と言えよう。

このような悪条件のなかで少しでも兵站支援を強化する措置としては輜重部隊《しちょうぶたい》の増強が

必要であった――輜重とは、軍隊の糧食・被服・武器・弾薬など、輸送すべき軍需品の総称で、加えて輸送も輜重に含まれる。第一五軍は、兵棋演習などで検討した結果、本来は輜重中隊六〇個が必要と見積もられたが、実際に作戦に参加したのは一四個中隊のみであった。

当時、食糧・弾薬は基本的には兵士ひとり当たり四〇kgを背負って搬送するというものだった。各師団は、野砲や弾薬など重量物の搬送も必要であり、兵士の体力だけではとても対処できなかったことだろう。インパール作戦では、師団の兵站物資（食糧・弾薬）の携行量は、約三週間分しか用意していなかった。その根拠となったのが牟田口の「作戦は三週間の短期決戦で決す」という方針・決断である。牟田口の方針・決断は一方的な思い込みとしかいいようがなく、非常に杜撰な計画だった。この作戦・兵站計画は、英軍の戦力・作戦などを完全に度外視したもので、一種の「願望」であると言わざるを得ない。

合理的に考えれば、作戦期間は「インパール・コヒマへの進出に三週間」「英軍に対する攻撃に最小限三週間」「その後の作戦（撤退するか、要点で防御するか）に数ヶ月」と考えられ、僅か三週間分の兵站では到底賄えないことは誰が考えても明らかだ。そして、最も大事なことは、「その兵站が途中で途絶すれば、各師団の戦闘力の発揮のみならず数万人の兵士の命が危険に晒《さら》される」ということだ。

意思決定の杜撰さ

インパール作戦決行に至るまでの意思決定の様子は、先に触れた、御前会議において東條首相をはじめ政府・外務・陸海軍首脳などが、日米の国力の差が「一二倍」もあるのに開戦を決断した無謀さに似ている。

当時の日本の政府・軍・国民にはこのように、合理的に考えて成功の見込みがほとんどない戦略・作戦を曖昧なうちに決定してしまう、組織的・社会的・メンタリティ上の弱点があったとしか考えられない。

筆者はこのような誤った決断をした史実を見ると、「イエスが悪霊に憑《つ》かれた人間から悪霊を追い払い、豚に乗り移らせ、二〇〇〇匹ほどの豚の群れが崖を下って湖になだれ込み、湖のなかで次々とおぼれ死んだ」という、新約聖書の話を思い出さずにはいられない。

インパール作戦実施の決定・承認は、「人間関係」と「人情」のなせる業で、合理的な判断（兵站面の合理性）など毫《ごう》もなかった。勿論《もちろん》、兵站面で無理があるということで、作戦に反対する将校もいたが、次々に排除された。

その代表が、第一五軍参謀長の小畑信良少将である。小畑は兵站軽視の帝国陸軍のなかでは陸軍大学校を卒業した、兵站部門をあずかる輜重兵科の出身の数少ない将校であった。

小畑はアラカン山系のジャングルを越える作戦実施は不可能と判断して作戦に反対した。小畑は牟田口に意見具申する前に航空偵察で予想進撃路の視察を行い、峻厳《しゅんげん》な山岳部では兵站の推進が困難であると深く認識した。小畑は、牟田口に作戦の中止を求めたが、厳しく叱責されたうえで却下された。このため小畑は第一五軍隷下の第一八師団長田中新一中将に説得の協力を頼んだが、そのことが牟田口の逆鱗《げきりん》に触れ、一九四三（昭和一八）年五月に、任期僅か二ヶ月で参謀長を解任された。

小畑に続いて、ビルマ方面軍の上級司令部である南方総軍でインパール作戦実施に強硬に反対していた稲田正純総参謀副長も、同年一〇月に突然更迭された。こうして作戦に反対する者が排除される様を目の当たりにするなかで、反対者は次第に口を閉ざしていくことになった。

先に、「インパール作戦実施の決定・承認は、『人間関係』と『人情』のなせる業」と述べたが、これについて説明する。まずは「人間関係」であるが、インパール作戦を実施する牟田口第一五軍司令官（陸士二二期）とその上司である河辺ビルマ方面軍司令官（陸士一九期）は盧溝橋事件のときにも上司（支那駐屯歩兵旅団長）と部下（支那駐屯歩兵第一連隊長）の関係にあった。そのため気心は通じるものがあった。また、東條総理（陸士一七期）と河辺は陸軍大学の同期であった。筆者の経験からいえば、同期や部隊勤務が上司と部下の関係であれば、少々の無理は通せるのが一般的だ。

河辺がビルマ方面軍司令官に赴任する際に東條を尋ねたところ、東條は「太平洋戦線で悪化した戦局を打開してほしい、せめてビルマで一旗揚げてくれ」と要望したといわれる。その意を受けて、河辺は「牟田口にインパール作戦をやらせてやりたい」と側近に語るようになったという。

このように同期生・上司・部下ライン――東條〜河辺〜牟田口――が杜撰な計画を決定・承認する原動力になった。しかも東條と河辺の間に位置する寺内寿一南方軍司令官（陸士一一期）の評価は芳《かんば》しくなかった。寺内には、サイゴン司令部の旧フランス総督の大邸宅で優雅に生活し、愛人の赤坂の芸妓《げいぎ》を陸軍軍属として、あろうことか軍用機に乗せてサイゴンに呼び寄せたという話がある。彼がインパール作戦について、真剣に考えて判断した形跡は見られない。

作戦の最終判断をする参謀本部では、作戦課長真田穣一郎少将はじめ、ビルマは防衛に徹するべきで、攻撃に出るべきではないという消極論が多数を占めていた。そんななか、真田は、杉山元参謀総長（陸士一二期）に呼ばれた。真田は手記で、〈参謀総長は、『インパール作戦は寺内さんの最初の所望なので、なんとかしてやってくれ』と言われた。切に私の翻意を促された。結局私は杉山参謀総長の人情論に負けたのだ。〉と書いている。

因みに、杉山の綽名《あだな》は「便所の扉」。理由は「どちらでも、押した方向に動く」「日和見主義者」であったという。結局、参謀本部でインパール作戦にブレーキを踏むことはできなかった。

敵英軍の合理的（兵站上）な戦略——北アフリカの対ロンメル戦で学んだ英軍

日本陸軍第一五軍三個師団の攻撃を待ち受けたのは、英軍のスリム中将指揮する第四軍団（三個師団および一個機甲旅団）、増援部隊三個師団・一個旅団、第三三軍団（一個師団）となっている。師団数だけ比べても英国は日本の二倍以上である。加えて、第一五軍にはない機甲（戦車）旅団を保有していた。

軍事理論からいえば、攻撃側は防御側の三倍の戦力が必要なのが原則だから日本の兵力では到底足りない。そのうえ、日本側は兵站が消耗しきった状態での会戦である。

スリム中将は、第一五軍との戦いについて、戦後次のように述懐している。

〈我々は、日本の補給線が脆弱になったところで打撃すると決めていた。敵（日本）が雨期になるまでにインパールを占領できなければ、補給物資を一切得られなくなると計算しつくしていた。〉

英軍は、インパール作戦の約二年前に北アフリカ戦線でロンメルと戦った経験を持っていた。

英南東軍指揮官だったモントゴメリー大将は、一九四二年八月、北アフリカ戦線で負け戦の続くなか、オーキンレック大将のあとを受けて英第八軍指令官に任命された。チャーチルから早期の攻勢実施を急かされたが拒否し、十分な準備の後、兵站補給が限界を超えて攻撃してきたロンメルをエル・アラメインで撃破した。

これについては、先に兵站を読み解くカギとして、「『カギその四』：ケネス・ボールディングの『力（戦力）の逓減理論』――戦力（兵站）は地理的な距離が遠くなればなるほど逓減する」の具体例として説明した（四〇頁参照）。

この戦訓は、間違いなくスリム中将にも届き、インパールとコヒマでの戦いに活用されたことは間違いないだろう。

北アフリカ戦線で英軍のモントゴメリー大将は、十分に戦力――砲兵はドイツ軍の約二倍、戦車一二〇〇両以上のうち五〇〇両は強力なシャーマン戦車やグラント戦車で、火力、航続距離、装甲ともにドイツ・イタリア軍装甲師団を圧倒――を集め、防御によりドイツ軍を撃破する作戦を採った。ドイツ軍――ロンメルは当初、持病治療のために帰国、戦いの途中で駆け付けた――はそれまでの勝利で自己の作戦能力を過信し、無謀にも前のめりに攻撃した。これを待ち構えていた英軍は大火力により徹底的にドイツ軍を打撃して打ち破った。英軍のスリム中将はインパール作戦において、このモントゴメリーのやり方を完全に踏襲したに違いない。

ドイツ軍と同様に、日本の第一五軍は兵站も不十分なままに、無謀なアラカン山系越えのインパール作戦を敢行するというのだ。スリム中将の側から見れば、願ってもない戦機が訪れることになる。「なんという幸運か！」とスリム中将は喝采したに違いない。

スリム中将に、日本軍のコヒマ・インパール到来を待ち受けて補給が限界になったところで打撃するという作戦を取らせたのは、インパール作戦についての確度の高い情報があったからに違いない。米英軍は協力して日本軍の電報を解読し、インパール作戦決行についての情報を早い段階から摑《つか》んでいたものと推察される。さらに言えば、ビルマには英軍スパイ網が張りめぐらされていたに違いない。

インパール作戦成功（兵站能力強化）の試案

私は、ハーバード大学アジアセンターで上級客員研究員を務めていたころ、東京大学の高原明生教授から御尊父高原友生氏の著書『悲しき帝国陸軍』（中央公論新社刊）をいただいた。友生氏は、陸士五七期で大東亜戦争末期の一九四四（昭和一九）年に少尉任官、ビルマに赴き、インパールから敗退してビルマに戻った第五八連隊（新潟）の連隊旗手に着任した。敗戦後復員し、東京大学で学んでいる。卒業後は、伊藤忠商事に入社し、ビジネスで活躍した。高原氏は山崎豊子氏の『不毛地帯』のなかの、主人公壱岐正（瀬島龍三氏がモデルといわれる）の参謀長役ともいうべき兵頭繊維部長のモデルといわれる。

その著書のなかで連隊旗を奉焼する場面が次のように描かれている。

〈「御真影、軍旗を奉焼せられたし」との公電が来るに及んで、インパール以来一年有半、粘り強い死闘を繰り返してきた歩兵第五十八連隊も涙を呑《の》んで軍旗の葬送を行うこととなった。

連隊は明治三十八年親授された軍旗の下、北越、東北の質朴な健児たちで組成されて精強を誇るだけでなく、名将宮崎繁三郎に率いられ、現地住民をしてその厳正な軍律を高く評価せしめるほどの文字通り第一級の部隊であった。

私はこの歴戦の軍旗を奉ずる最後の旗手であった。ビルマ第二の大河サルウィン河畔の小都市パアンの農学校において、将兵の最後の敬礼を受けて『ふさ』だけとなった旗《き》帛《はく》と硬質の旗桿《きかん》は、私が常時持ち歩いたガソリンによって荼毘に付された。そして御紋章は砕いて日章旗に包み、深夜、私独り大河に突き出たバンガローに至り、密やかに濁流へ投じたのである。

日本陸軍にとって軍旗の焼却は連隊長、連隊旗手の死を意味した。旗手がガソリンと共に持ち歩いた拳銃、手榴弾、軍刀は戦うためのものではなく、あくまで自決用と理解されていた。私はその時、これらの武器で命を絶つか、あるいは御紋章を抱いて水中に没しても別に不自然ではなかったのである。〉

高原教授によれば、〈兵士を生きて日本に連れて帰るために、連隊はあげて甘藷《かんしょ》（引用者注：サツマイモ）の栽培に励んだ。〉という。筆者は本項を書くにあたり、そのことを思い出した。

筆者の試案（兵站能力増強）の骨子は次のようなものだ。

①輜重・工兵旅団の編成

各師団の二個歩兵旅団（約七〇〇〇〜八〇〇〇人、合計四個歩兵連隊）のなかから、一個連隊（二〇〇〇人弱）をもって臨時の三個の輜重・工兵連隊よりなる輜重・工兵旅団を早期に編成する。一〇〇人の輜重・工兵中隊であれば、合計で六〇個中隊を編成できる。その装備資材は応急的に調達し、軍の工廠《こうしょう》（ビルマ人を徴用）を立ち上げて生産する。日本兵は歩兵といっても、入隊前の職業で得た工兵・輜重に適応できる様々なスキルを持っており、そのなかから適任者を選抜し、それを最大限に生かす。

②輜重・工兵旅団の編成目的と任務

編成目的は「第一五軍の兵站能力の向上」である。その任務は「四〇〇km余の兵站路の整備」「兵站路沿いに数十ヶ所の兵站拠点を構築」「兵站拠点周辺での食料（甘藷栽培、家畜の飼育）生産、炭の生産、飲料水の確保）」「ビルマ駐屯地から弾薬はもとより、米などの食糧、塩、医薬品などを前方に推進・集積・貯蔵」など。そのための倉庫を応急に造成する。乾季を利用し、炭を焼き、炊飯用燃料として貯蔵する。

また、旅団はインパールとコヒマにおける戦闘に関しては、第一五軍の「総予備」となって、「歩兵旅団」として戦闘に参加する。

③兵站拠点の構築

この兵站拠点の構築は、「研究・訓練」の名目で、牟田口の一九四三（昭和一八）年三月の第一五軍司令官着任（このころインパール作戦の構想を考える）直後から行う（約一年猶予があった）。

④兵站拠点の場所

兵站路沿いの少数民族の集落を中心とし、彼らの助けを借りて畑地を開墾・造成して甘藷の栽培、牛豚鶏の飼育など食糧増産に励む。家畜の移動はビルマの平地から無理なく段階的に行う。

⑤兵站拠点は、負け戦の場合の撤退収容拠点としても設計・準備

軍事は最悪のシナリオにも対処できるように工夫・準備しておくのが基本である。

それが、将軍たるものの責務であるはずだ。

⑥輸送方法についての研究

トラックや列車が使えないからといって諦めることはない。後述するがベトナム戦争時、ベトコンが輸送用の自転車を格別頑丈につくり、特製の木枠を取り付けて一度に二〇〇kgもの貨物を人間が押しながらホーチミン・ルート沿いに運んだ例がある。

写真1　プーリー滑車とロープでの運搬例

Avalon／時事通信フォト

急坂路用運搬資材の開発・設置のアイディアとしては、写真1のようにプーリー滑車とロープを用いた応用資材が考えられる。また、可能な場所は、レールを敷いてトロッコを用いる方法もあったのではないか。一〇万人近い第一五軍の将兵の知恵と工夫を用いればできないことはない。この企画を実行していれば、戦後ビルマに産業を振興する契機になっていたかもしれない。リーダー（将軍）の資質として大事なのは人々に夢・希望・目標を持たせてその力を引き出すことであろう。

⑦馬の研究

インパール作戦に第一五師団の陸軍獣医（尉官）として従軍した田部幸雄氏は「インパール作戦で全滅した第15軍の軍馬12000頭の悲劇」という論文（https://iss.ndl.go.jp/books/R000000004-I1830255-00）のなかで、第一五軍の軍馬の使用について次のように記している。

〈日本軍は平地、山地を問わず軍馬に依存した。作戦期間中の軍馬の平均生存日数は騾《ら》馬《ば》：七三日、中国馬：六八日、日本馬：五五日、ビルマポニー：四三日。〉

これを見る限りにおいては、いずれの馬種も期待通り、当初想定した「三週間の作戦期間＝インパール・コヒマへの進軍」の間は、十分に働いてくれたことになる。獣医の専門知識を活用し、十分な研究の下、馬匹の管理・活用を工夫すれば食糧や弾薬の搬送などにさらに十分な成果が挙げられたはずだ。

ちなみに、本作戦には、軍馬一万二〇〇〇頭（専ら物資運搬に使役）、ビルマ牛三万頭（物資運搬および食用）、象一〇三〇頭（専ら物資運搬に使役）、羊・山羊など（食用、第一五師団だけで約一万頭）を準備したがあまり役には立たなかったようだ。

これらの家畜が前線到着まで搬送できなかった――河に流されたり、崖から転落したりした――ことと、そもそも、肉食文化が低調な日本ではこれらの動物を殺して捌《さば》くことに不慣れだったものと思われる。また肉を冷蔵・乾燥ができない環境では、長期保存することはできなかったのではないか。さらに、雨のなかで炭などの燃料がなければ、調理もできなかっただろう。

研究と周到な準備が伴わない牟田口の「思い付き兵站」ではそのようにならざるを得なかったのだろう。兵站は、思い付きで簡単にできるものではなく、資財、組織、時間、技術、マンパワー、アイディア（創意）などの広範な要素が総合した結果として、生み出されるのではないだろうか。

輜重・工兵旅団が兵站能力向上のためのいわば〝企業〟のように、運搬手段の開発・生産、軽量な保存食の開発・生産、土木機械工具の生産などを行っていれば、インパール作戦の劣悪な兵站能力を大幅に改善できたのではなかろうか。

因みに、英印軍の場合、途中の目的地までは自動車で戦略物資を運搬し、軍馬は裸馬で連行し、自動車の運用が困難な山岳地帯に入って初めて駄載――馬の背に荷物を載せて運搬すること――に切り替えて使用していたという。また使用していた軍馬も体格の大きなインド系の騾馬だった。これらの騾馬は現地の気候風土に適応していた。なお、前出の田部氏は中支に派遣されていたころ、騾馬は山砲駄馬（荷物を運ぶ馬）としての価値を上司に報告した経験があったという。

このように、馬匹の管理・運用はさらに工夫する余地があったのではないか。

戦い敗れた高原友生少尉の第五八連隊が「生きる希望」をもって、甘藷栽培に励み、ひとりの餓死者も出さずに祖国に生還できたように、第一五軍が輜重・工兵旅団を編成して「軍の生きる希望」を目標として与えていれば、将兵はプラス思考で懸命に頑張り、予期できないほどの巨大な戦果を挙げることができたのではないだろうか。

第三章

海洋国家と
ユーラシア大陸国家との
戦いにみる
兵站

第二章で、海洋国家同士の戦いにおける兵站《へいたん》について、大東亜戦争を例にとって説明した。第三章では、海洋国家とユーラシア大陸国家および周縁国家との戦いを例に、その兵站について分析・説明したい。

海洋国家とユーラシア大陸国家および周縁国家との戦いというパターンは、現在進行中の米中覇権争いの本質を理解するうえで助けになるものと思う。

以下、日露戦争、朝鮮戦争、ベトナム戦争、湾岸戦争の順に説明する。

●●●日露戦争

日露戦争の概要

日露戦争は、朝鮮・満洲の支配権をめぐり、一九〇四（明治三七）年二月八日から一九〇五（明治三八）年九月五日にかけて大日本帝国（日本）とロシア帝国（ロシア）の間で行われた戦争である。日露戦争の本質は、「兵站線が勝敗を決める」ことにあった。日本

図13　ロシアの安全保障の特色

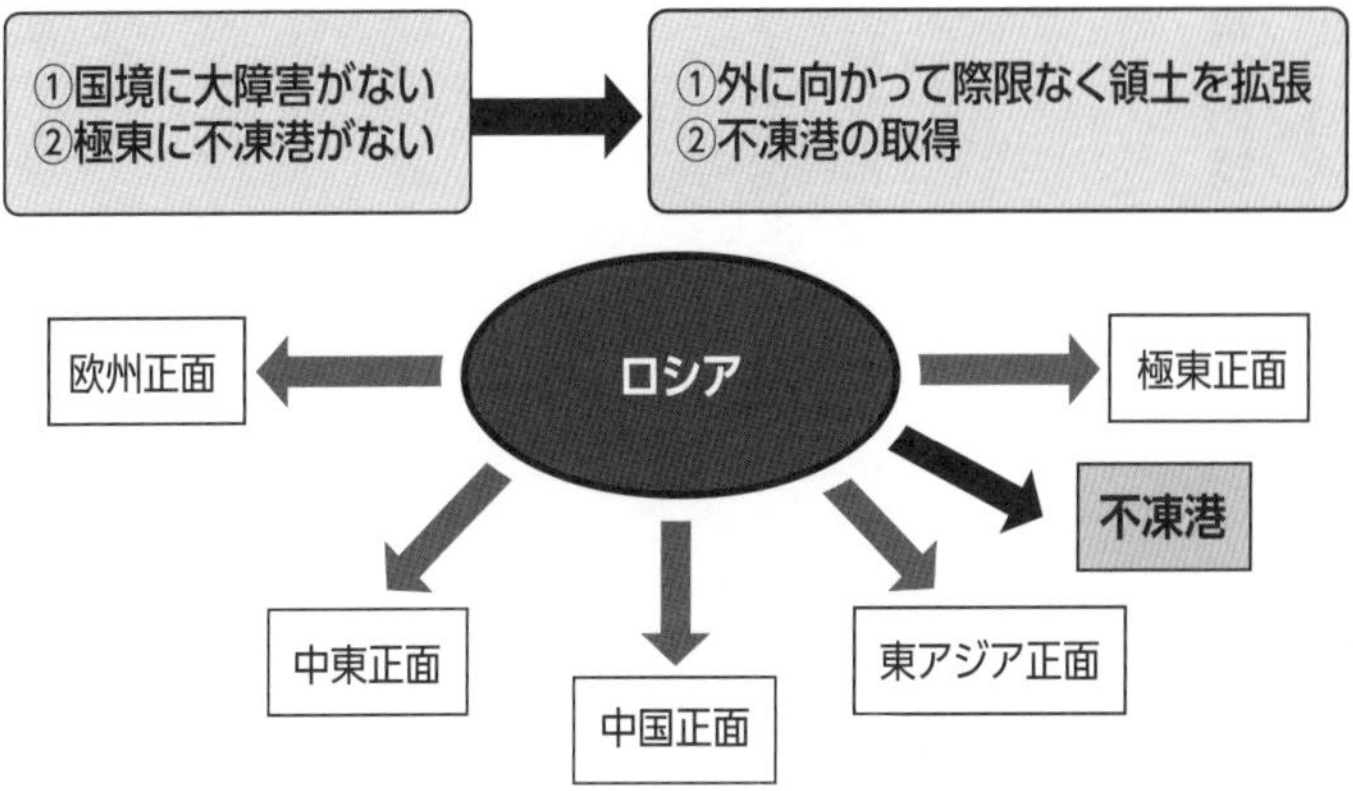

は「本国からの海上輸送（シーレーン経由）の安全を図ること」が、ロシアは「シベリア鉄道を貫通させ、兵站を維持すること」が勝利するためには不可欠の要件だった。以下述べることは、そのような視点で分析したものである。

日露戦争が起こった原因

　ロシアの安全保障の特色は、①国境に大障害（山脈や大河）がないので、外側に向かって領土を拡張し、バッファー・ゾーン（緩衝地帯）を増やすこと、②極東正面に、冬季にも海面が凍結しない経済的・軍事的な価値が大きい「不凍港」がないので、その獲得を目指すこと、であろう（帝政ロシアは清国から旅順を、ソ連はベトナムからカムラン湾をそれぞれ租借している）。

一八九五（明治二八）年四月、日本と清国の間で、日清戦争の講和条約である下関条約が結ばれた。その内容のひとつに、遼東半島を日本に割譲するという条文があった。しかしこの遼東半島の割譲は不凍港を求め、南下政策をとるロシアを刺激し、ロシアがフランスとドイツをさそって、同半島の返還を日本に勧告した。この三国干渉に対し、国力に劣る日本政府は返還に応じるほかなかった。

その後日本は、朝鮮半島問題についての譲歩を期待して、ロシアとの協調に腐心・尽力した。しかし、清で起きた「義和団事件（一九〇〇年）」の混乱を鎮圧するためにロシアが軍隊を派遣し、そのまま満洲を占領する事態となった。ロシアが満洲を支配することは日本の朝鮮半島（日本の安全保障上の生命線）における権益を脅かす。日本は、同じくロシアの満洲支配が自国のアジア政策に不利となる英国と日英同盟を締結（一九〇二〔明治三五〕年）し、開戦準備を進めた。

日露戦争の経緯

以下、日露戦争の経過を時系列に説明する（図14参照）。

- **一九〇四（明治三七）年二月八日**：日本海軍、旅順のロシア太平洋艦隊に奇襲攻撃敢行。しかし、港内に逃げ込まれ、同艦隊の脅威消えず。これにより、日本は一応の制海権を獲得。
- **一九〇四年二月九日**：日本陸軍、仁川《インチョン》に上陸。この戦争の目的は日本の大韓帝国支配を邪魔する満洲のロシア軍を駆逐すること。すなわち、日本にとっての勝利は満洲のロシア軍の撃破である。日本はこれを達成するため、朝鮮半島と遼東半島の二方面から満洲攻略を目指した。
- **一九〇四年二月一〇日**：日本、ロシアに宣戦布告。ただし、戦勝の見込みは乏しかった。伊藤博文いわく「この戦いに勝ち目はない。国の命運を賭けて戦うのだ。勝利を望んではいけない。尽くせるだけ尽くすのみである。万が一、ロシア軍が九州にでも上陸すれば私も一兵卒として戦場に赴く覚悟である」と。
- **一九〇四年二～五月**：旅順港閉塞作戦、ロシア艦隊のいる旅順港の狭い入り口を沈船で閉塞する作戦だったが失敗。同艦隊の脅威消えず。軍神広瀬武夫中佐の悲話――福井丸（沈船）指揮官として参加した第二回閉塞作戦では、行方不明となった杉野上等

図14　日露戦争概略

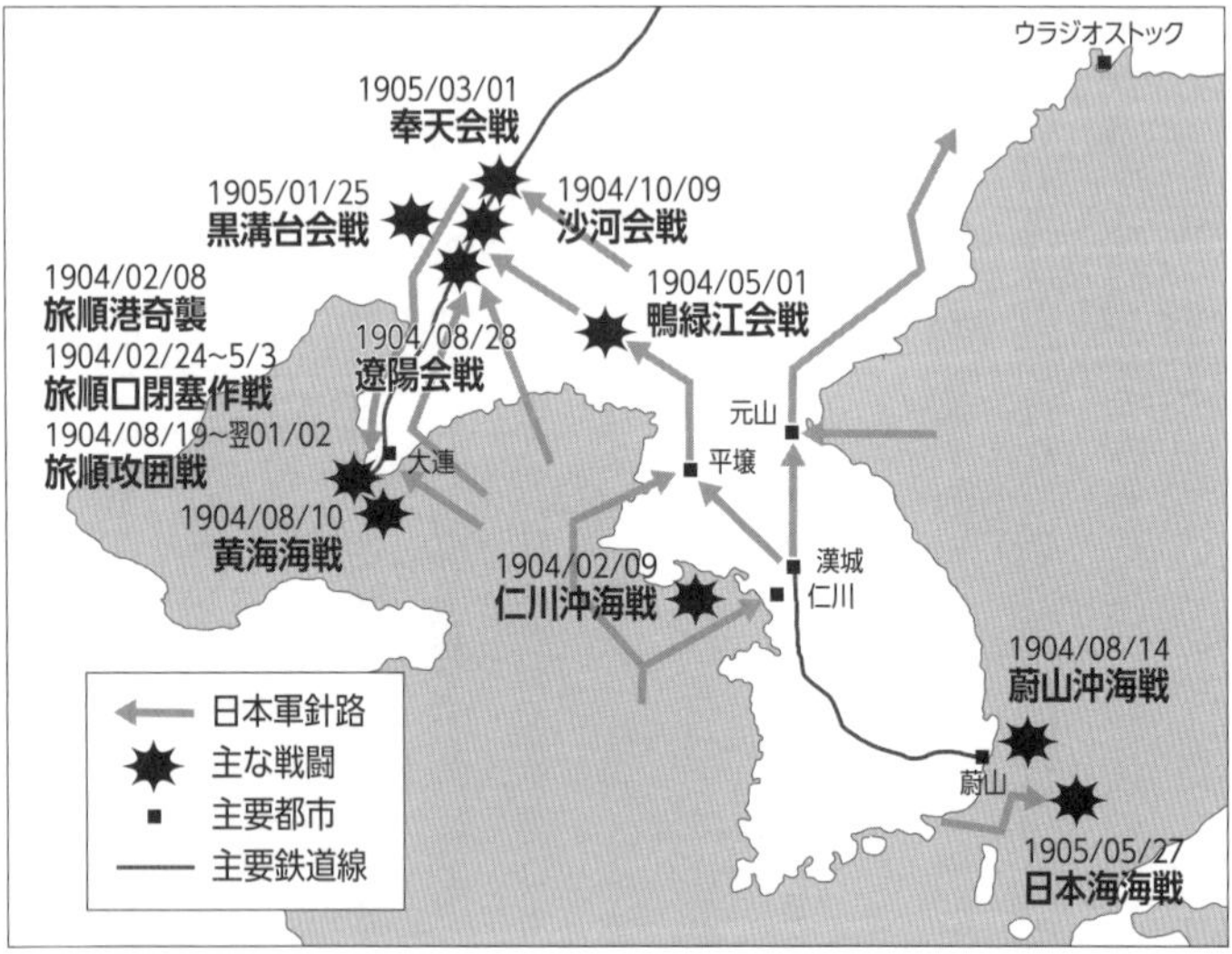

兵曹を捜索後に脱出途中のボート上で被弾し戦死。

・**一九〇四年四〜五月：**鴨緑江《おうりょくこう》会戦。仁川に上陸した日本陸軍が満洲に向けて北上。鴨緑江（現在の中朝国境）の近くでこれを阻止するロシア軍と衝突し、日本が勝利（ロシア軍が日本軍を舐《な》めていたため）。この戦いの勝利によって、英国国内での日本の評価が上がり、日本にとって大きな転機になった。当時英国で資金調達中の高橋是清（日銀副総裁）は、英国を中心に外国の銀行から軍資金を借りることに成功。

・**一九〇四年五月二五〜二六日：**南山

の戦い。日本は海からの旅順攻略を諦め、陸上戦へ持ち込む。旅順近くの南山で両軍が衝突し、日本が辛勝。

- **一九〇四年八月**：遼陽会戦。旅順から北上する日本軍とロシア軍が衝突。日本の辛勝。
- **一九〇四年八月〜一九〇五年一月**：日本陸軍第三軍は難攻不落の旅順攻略に半年もの歳月を要した。延べ一三万の兵力を投入し六万が死傷するという大激戦だったが、ロシアの重要拠点であった旅順要塞が陥落。これによって、ロシア太平洋艦隊を撃滅し、日本海の制海権は日本のものになり、次のバルチック艦隊との決戦も有利に。
- **一九〇五（明治三八）年二〜三月**：奉天会戦。奉天で両軍あわせて約六〇万が激突。一八日間の激闘のすえロシア軍が撤退し、またもや日本の辛勝。しかし勝利の代償として、戦争継続の力を喪失。一方のロシアは本国に兵力を温存。日本は和平交渉へ動き出すが、ロシアが拒否。
- **一九〇五年五月**：日本海海戦。日本艦隊はロシアのバルチック艦隊を完膚なきまでに叩きのめす。日本の完全勝利。
- **一九〇五年九月**：ポーツマス条約。日本海海戦の敗戦で、日本の和平交渉にロシアが応じ、米国のルーズベルト大統領の仲介の下で調印されたポーツマス条約により講和。

日本は、朝鮮半島における権益を認めさせ、ロシア領であった樺太《からふと》の南半分を割譲させ、またロシアが清国から受領していた大連と旅順の租借権を獲得。同様に東清鉄道の旅順―長春間支線の租借権も得た。しかし、賠償金獲得には至らず戦後外務省に対する不満が軍民などから高まった。

日本の勝因

日本が勝った第一の理由は、日本軍の士気がロシア軍を大きく上回っていたこと。当時の日本軍の幹部は、幕末から明治にかけて近代国家誕生のために生じた戦火をいくつもくぐってきた経験をもっており、またロシアに勝たないと国が滅びるという危機感もあったため、優れた作戦を生み出した。

一方のロシア軍は、皇帝をはじめ将軍たちが日本の軍事力をかなり低く見ていたため、軍内部の統率が緩んでいた。また国内の政情不安から兵士たちには厭戦《えんせん》ムードが蔓延《まんえん》し、日本軍の必死な攻撃を前にすると崩壊してしまうような状態だったので、長期に戦線を維持することができなかった。

限られた国力を冷静に計算し、開戦前から戦争終結のタイミングを考えつついかにして勝つかを緻密に準備していた日本軍に対し、ロシア軍は勝利への意欲が低く、兵力を十分に使えない状態だった。

第二の理由は、日本は英国を味方につけたことにより、軍事面と財政面ともに支援を受けることができたこと。石炭の調達に関しても、英国はバルチック艦隊などに対して妨害工作を行い、日本が優先して調達できるようにした。

さらに、膨大な戦費を賄うため日本政府は公債を発行するが、その引き受けに関しても英国が便宜を図り、日本を助けた。講和条約の仲介に米国が登場することも、日英同盟が大きく作用した。

第三の理由は、兵站に因むものである。これについては、以下で詳述したい。

「兵站を読み解くカギ」からみた日露戦争の特質

第一章で「兵站を読み解くカギ」として「五個のカギ」を提示したが、それらを用いて日露戦争の兵站上の特質について、簡単に説明したい。

「カギその一」：兵站を心臓・血管・血液・細胞などの譬えで説明する

日本はロシアに比べ〝心臓〟が小さかった。日露戦争当時の日露の国家予算は、日本が約二億九〇〇〇万円、ロシアは約二〇億八〇〇〇万円、戦費は、日本が一五億円、ロシアは二二億円であった。また、軍艦の総排水量は、日本が約二二万t、ロシアは約八〇万tであった。さらに、ロシアの人口は一億四〇〇〇万人であるのに対し、日本は四一〇〇万人。そこから生み出される兵力は、ロシアが予備役――現役を終えた人が一定期間服した兵役。非常時にだけ召集されて軍務に服した――と後備役――元軍人で現役定限年齢に達した者、または予備役を終えた者の服した兵役――を含め三五〇万人、日本はその半数にも満たなかった。このように、日露の国力の差は歴然としていた。

一九〇四年八月の時点で、日本の軍指導部は、極東ロシア軍の兵力は日本式に数えると約二〇個師団――一師団は六〇〇〇人から二万人程度で構成――に達すると計算した。これに対抗するためには、当時日本が満洲に展開する一三個師団では足りないことは明らかであった。そのため、兵力増強の一環としてまず第七師団を除く各師団を対象に、すべての歩兵連隊（約一八〇〇名）に一個大隊（約五〇〇名）を、すべての騎兵連隊に一個中隊（一五九名）を追加編成した――師団は二個歩兵旅団（合計で四個歩兵連隊）で構成される。

因みに、日露戦争を戦った主要師団は、当初、近衛師団、第一師団（東京）、第二師団

（仙台）、第三師団（名古屋）、第九師団（金沢）、第四師団（大阪）、第一〇師団（姫路）、第五師団（広島）、第一一師団（善通寺）、第六師団（熊本）、第一二師団（久留米）であった。その後、予備として国内に残していた第八師団（弘前）を遼陽方面に（一九〇四年九月）、第七師団（北海道）を旅順に（同年一一月）それぞれ投入した。それゆえ、四個師団（第一三師団〜第一六師団）が新設される翌年四月以降まで、日本国内にはまったく予備兵力がないという状態だった。政府は兵力増強に応ずるために、徴兵令を改正し、後備兵の服役期間を従来の五年から一〇年に延長した。このように、人口の少ない日本の兵力は自ずから限界があったのだ。

〝血管〟に相当する兵站線は、ロシアはモスクワから約九〇〇〇㎞も離隔していることが最大の特質（弱点）であった。これに関しては、あとでシベリア鉄道を扱う際に述べたい。日本は、戦場（満洲）はロシアに比べ近い（二〇〇〇㎞弱）ものの、対馬海峡・黄海を渡らなければならず、制海権の維持が必須の要件であった。これについても、あとでバルチック艦隊の東航とそれに引き続く日本海海戦を扱う際に説明する。

血液（酸素や栄養）に相当するもののひとつである武器弾薬についていえば、ロシア軍は弾薬などの備品において不足があったにせよ、兵器の種類、性能、保有数において、ヨーロッパ諸国のどこにも劣らないレベルであった。

一方の日本は、開戦直後、銃弾と砲弾の消費量が当初の予想をはるかに超えていることに気付いた。急ぎ増産体制を強化し、一九〇五年三月までに英国からの輸入分（アームストロング社、カイノックス社、キングスノルトン社、ノーベル社など）を含め、一一五万発の砲弾の取得・製造を計画した。

巨大なロシアと戦うため、日本は国家の総力を挙げて取り組まなければならなかった。それに加え、日英同盟の英国から緊急な〝輸血〟が必要な事態となったのだった。

「カギその二」：内線作戦と外線作戦
――海洋国家米国とユーラシア大陸国家との戦いの兵站の基本構図

大陸国家ロシアは内線作戦（三〇頁参照）を行うことになり、兵站線は唯一シベリア鉄道に依存するほかなかった。対する日本は外線作戦（三〇頁参照）で、兵站線は海上（対馬海峡と黄海）から陸上（大連と釜山浦からの鉄道と陸路）となる。「カギその一」で指摘したように、制海権の維持が必須の条件であった。

このように、日本（外線作戦）とロシア（内線作戦）の作戦上の特色は、兵站線（後方連絡線）で互いに致命的なアキレス腱（決定的な弱味）を持っていたことだといえよう。

前述のように、ロシアの兵站線は九〇〇〇kmにも及ぶシベリア鉄道のみに頼らざるを得なかった。また、日本の兵站線は、対馬海峡・黄海を越えるシーレーン上を船舶で輸送することである。この兵站上の特色が旅順要塞の攻撃や日本海海戦等が必然的に起こる原因となった。

「カギその三」：マハンのシーパワーの戦略理論と兵站

「カギその二」で述べた通り、海洋国家の外線作戦を行う日本の兵站線は、海上（対馬海峡と黄海）から陸上（大連と釜山浦からの鉄道と陸路）を経由することとなる。そのためには「カギその一」で指摘したように、制海権の維持が必須の条件であった。

日露戦争の戦闘は、一九〇四（明治三七）年二月八日、旅順港にいたロシア海軍第一太平洋艦隊（旅順艦隊）に対する日本海軍駆逐艦の奇襲攻撃（「旅順口攻撃」と呼ばれる）に始まった。この奇襲攻撃の背景にあるのは、前述のように、日本は本土から大陸への海上輸送をロシア艦隊から脅かされるという、兵站上の致命的な弱みである。

日本海軍は水雷夜襲等による八次にわたる攻撃と三回の旅順港閉塞作戦を実施した。この攻撃でロシア太平洋艦隊は旅順に封じ込まれ、日本は本土から大陸までの陸軍の揚陸や補給が容易になった。しかし、旅順港に籠るロシア艦隊に決定的な打撃を与えることには成功せず、艦隊が温存されたことにより日本から満洲に到る制海権が脅かされ続けることになった。このため、陸上側からの旅順要塞の攻略が必要となった。

同日、日本陸軍先遣部隊の第一二師団木越旅団が日本海軍の第二艦隊瓜生戦隊の護衛を受けながら朝鮮の仁川に上陸した。瓜生戦隊は翌二月九日、仁川港外で同地に派遣されていたロシアの巡洋艦ヴァリャーグと砲艦コレーエッツを攻撃し、自沈に追い込んだ。

このような日本海軍の緒戦における戦闘が功を奏し、二月二三日には日本と大韓帝国の間で、日本軍の補給線（兵站線）の確保を目的とした日韓議定書が締結された。日露戦争における兵站の確保という視点からすると、この意義は大きい。

三月六日、上村彦之丞海軍中将が率いる第二艦隊がウスリー湾方面からウラジオストック港に接近して薄氷の外から造船場、砲台、市街地に向けて約五〇分間砲撃したあと、引き上げた。この間、港内に留まっていたロシアのウラジオストック巡洋艦隊は、その後は積極的に出撃して兵站破壊戦を展開し、四月二五日に日本軍の輸送艦金州丸を、六月一五日に同常陸丸を撃沈した。

旅順艦隊は八月一〇日に旅順からウラジオストックに向けて出撃、待ち構えていた連合艦隊との間で海戦が起こった。この海戦で旅順艦隊は旗艦と司令長官、巡洋艦と駆逐艦の過半を事実上失い、残った艦艇も大きな損害を受けて旅順へ引き返した（黄海海戦・コルサコフ海戦）。

旅順艦隊に呼応して、ウラジオストック艦隊も出撃したが、八月一四日に日本海軍第二艦隊に蔚山《ウルサン》沖で捕捉された。第二艦隊はウラジオストック艦隊に大損害を与え、その後の活動を阻止した（蔚山沖海戦）。

このように、旅順艦隊は作戦能力を失っていたが、日本側ではそれが確認できなかったため、乃木大将麾下《きか》の第三軍は戦死者約一万五〇〇〇という犠牲を払ってでも、旅順港を攻略しなければならなかった。

このような日本陸海軍の作戦は、すべて日本から大陸に向かう兵站線を守るために行われたものだ。そして、最後に残された「兵站線確保のための戦い」こそ、日本海海戦だったのだ。

「カギその四」：ケネス・ボールディングの「力（戦力）の逓減理論」
――戦力は地理的な距離が遠くなればなるほど逓減する

ロシアは、戦場の満洲や対馬海峡がモスクワから九〇〇〇～一万km以上も離れており、戦力が大幅に逓減することは避けられない。もしも、日本が欧州に存在していれば、ひとたまりもなく敗れていたことだろう。日本陸軍の場合も、戦場が鴨緑江～南山～遼陽～奉天と満洲奥地に進めば進むほど兵站線は延びることになり、戦力は逓減する。

陸上戦闘は、奉天会戦で終了したが、ロシア満洲軍総司令官のクロパトキン大将がさらに奥地まで日本軍を引き込んで戦えば、兵站能力が限界に達した日本軍が勝利する可能性はぐっと少なくなったことだろう。

余談だが、ソ連時代もモスクワから遠隔している極東ウラジオストックのソ連極東艦隊の戦力維持は大きな負担となっていた。ボストン大学のロバート・ロス教授は、『『平和の地政学』21世紀の東アジア」と題する論文で、次のように述べている。

〈ウラジオストックは、西方の（欧州の）ソ連から孤立したままであった。ソ連極東艦隊は、その補給を脆弱な鉄道システムと海上・空路経由の輸送に頼っており、ソ連全艦隊の中で最も危険にさらされた艦隊であった。北東アジアの海洋の地勢は、ロシアの外洋（ブルーウォーター〔太平洋〕）へのアクセスを制約し続けている。〉

日露戦争時代に比べ、交通輸送手段が格段に発達した今日においてさえも、ロス教授が指摘する通りである。いわんや、日露戦争当時においてはロシアが極東で大規模な作戦を行うのは極めて困難なことだったのだ。

「カギその五」：作戦正面の長さ・面積と兵站の関係——バルバロッサ作戦

「カギその四」で述べたように、ロシア軍は奉天から南下すればするほど、戦力・兵站能力は低下した。日本軍はその逆で、北進すればするほど戦力・兵站能力は低下することになった。

「カギその六」：地政学と兵站

ロシアの戦力・兵站能力はひとえにシベリア鉄道に依存していた。じつは当時、まだ全線開通しておらず、バイカル湖で分断されていた。兵站の観点からすると、一刻も早く全面開通することがロシア軍の戦争遂行に不可欠だった。

一方の日本は、シーレーン（対馬海峡・黄海）の確保が戦争遂行上不可欠であり、迫りくるバルチック艦隊の撃破が不可欠であった。

日露戦争における兵站上重要な事案

以下、日露戦争の勝敗に決定的な影響——日露両国の兵站にとって極めて重要——をもたらした、シベリア鉄道の完成とバルチック艦隊の東航とそれに続く日本海海戦について説明したい。シベリア鉄道は極東ロシア軍を支える兵站上の生命線であった。また、バルチック艦隊の東航と日本海海戦は日本の兵站上の生命線であるシーレーンを遮断する可能性を秘めるもので、その勝敗は日露戦争の局面を決定付けるものであった。

シベリア鉄道の完成

兵站を読み解く『カギその六』：地政学と兵站」で説明したように、大陸国家の兵站線は鉄道である。シベリア鉄道はロシアが日露戦争を戦ううえで、いわば生命線であった。

・シベリア鉄道をめぐる日露の思惑

一八八八（明治二一）年一月、当時総理大臣だった陸軍の山縣有朋《やまがたありとも》は意見書で「主権線」と「利益線」という考え方を提起している。山懸は、「『主権線』とは国の境目（国境）をいい、『利益線』とはこの主権線の安全に密接な関係がある地域だ」と説明した。

当時のアジア情勢について山縣は、英国の進出――植民地獲得を目指す英国は本質的には脅威。しかし、ロシアのカウンターバランスになりうる――とシベリア鉄道を経由して極東に進出しようとするロシアの脅威――日本の「利益線」である朝鮮半島を狙う――を指摘している。山縣は、この情勢のなかで日本がロシアと清国の脅威に対抗するためにはバッファー・ゾーンとして活用できる朝鮮半島が重要であると論じた。山縣は朝鮮半島を「利益線」に位置づけた

その朝鮮半島をめぐり、日本とロシアの利害が対立し、さらにロシア側が、北清事変――義和団事件。一九〇〇（明治三三）年、中国で起こった排外主義の運動で、義和団が中心になって活動した――の事後措置として協定されていた満洲撤兵を予定通り実施しない事実が明らかになると、日露は急速に緊張の度合を強めることになった。

当時のロシアは、世界最大の陸軍国であり、紛争解決の方法として戦争に訴えた場合、

日本側にはとうてい勝目はなかった。

日本の立場から考えられる途《みち》は、ロシア側の開戦準備——とくにシベリア鉄道の全線開通——が整わぬ前に、先制攻撃を加えることであるとされたが、とくに参謀本部内部の開戦論者はその考えに固執した。

日露戦争は、一九〇四（明治三七）年二月に開戦したが、参謀本部の井口総務部長、松川第一部長（作戦・編成動員・兵站担当）などに代表される開戦論者は、前年の五月以降、満韓国境付近の状況に対する出先機関からの報告を——詳細は以下で触れるが——故意にねじまげ、元老・閣僚の判断を、対露宣戦にもちこむように画策した。

早期に開戦しなければ、ロシア側の兵力に圧倒され、最悪の場合には、朝鮮半島をすべてロシアに征圧されるとするとらえ方が、開戦論者の基本的な考えであった。開戦論者の状況判断のなかで、最も重視した要素が、シベリア鉄道の全線開通時期であった。

シベリア鉄道は、ヨーロッパ・ロシアと極東地方を結ぶ世界最長の大陸横断鉄道で、東清鉄道の開通（一九〇一年）によって、首都ペテルブルグからウラジオストックまでの直通が可能になっていた。

東清鉄道はロシアが満洲に建設した鉄道路線でチタ、満洲里からハルビンを経て綏芬河《すいふんが》

図15　シベリア～満洲の鉄道路線図

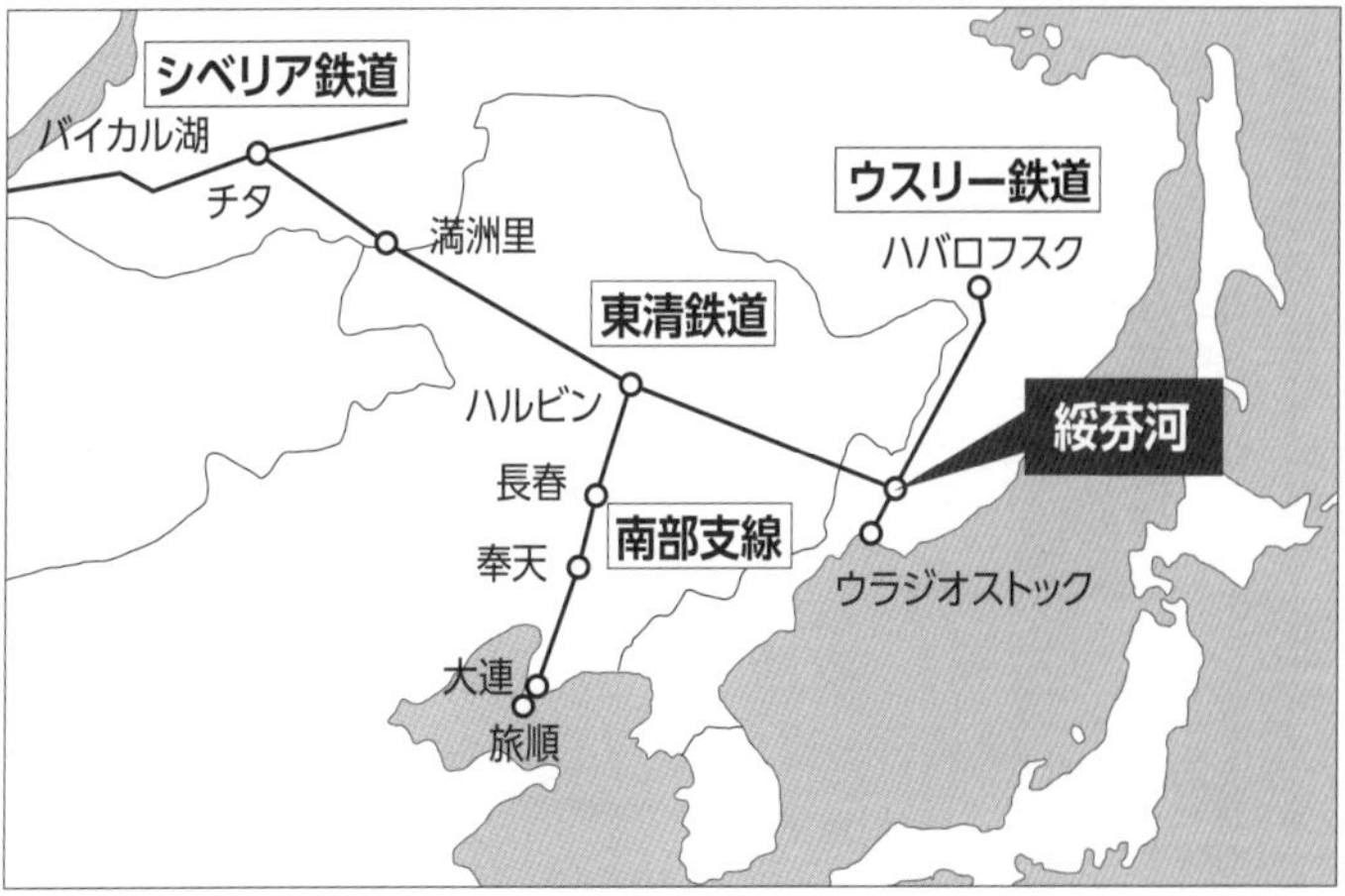

へと続く本線と、ハルビンから南下して大連、旅順へと続く南部支線からなる。

シベリア鉄道は、日露戦争開戦直前の時点においては、世界最深の湖といわれるバイカル湖で中断されており、湖を渡るには列車を積載する鉄道連絡船（列車を積載し運搬）で中継する方式であった。そのために、列車を鉄道連絡船に積み下ろしする手間がかかり、充分な輸送力を確保しがたい状況にあった。

勿論《もちろん》、冬季の結氷に関しては最初から対応策をとり、砕氷車両渡船バイカル号を、英国に発注し、一九〇〇（明治三三）年以降は定期的な運航が実施されていた。しかし、定時運航は、バイカル湖のきびしい氷状に妨げられがちであった。

連絡船による中継輸送の問題点を認めたロシア政府首脳は、バイカル湖南岸を迂回《うかい》する鉄道（陸路）の建設を決意し、工事は一九〇一（明治三四）年に着工された。しかし、冬期の建設工事は思うように進行しなかった。

バイカル湖におけるシベリア鉄道の輸送延滞は、日本の開戦論者にとっては早期開戦論の根拠を与えてくれた。ロシアが、バイカル湖南岸を迂回する鉄道を完成・開通し、輸送能力を拡充する以前に極東のロシア軍を攻撃する必要がある——という論法である。開戦の時期が遅れれば、勝利はおぼつかないとするのが彼らの判断なのである。

ところで、開戦論者にとっても、不完全な状態（バイカル湖における中断）におかれているシベリア鉄道が、戦時にはどれほどの輸送能力を発揮しうるかを推計することも、作戦計画立案のためには重要な課題であった。

参謀本部でロシアの輸送能力見積作業を命じられたのが、浜面又助《はまおもてまたすけ》陸軍歩兵大尉（のちに陸軍中将）である。

浜面大尉は、極東方面へのロシアの軍事列車の最大設定（運行）可能数を、一日あたり八列車と計算し、二列車が兵器弾薬輸送用、六列車を部隊輸送用と想定した。ところが、一日あたり六列車の部隊輸送が行われると、日本陸軍の大陸への船舶輸送能力とほぼ互角となってしまう。そのうえ、ロシア軍には、すでに満洲に約六個師団の兵力が展開中であった。この状況で両軍が衝突すれば、日本側の不利は明らかとなり、開戦論者は立場を失うことになる。

浜面大尉は算定結果を上司の田中義一陸軍少佐に提出したが、それを見て、開戦論者の中核的存在であった田中少佐は激怒し、浜面大尉を叱責して一日の設定列車を軍需品用二列車、部隊輸送用四列車と書き改め（捏造《ねつぞう》）させたうえで、上層部に提出させるという暴挙（詐欺）をあえて行った。

このことが原因となり、加えて次に述べる、ロシア側の突貫工事による予想を遥かに上回るバイカル湖南岸迂回鉄道工事の加速化によって、大山巖《おおやまいわお》大将隷下の満洲軍は苦境に立たされることになる。中堅将校の恣意的な判断が、国家をいかに危うくするかという事実は、大東亜戦争中に多くの実例をみせているが、その原型が、すでに日露戦争において出現していたのである。

・突貫工事で全面開通したシベリア鉄道

日露戦争は、一九〇四（明治三七）年二月八日、旅順港にいたロシア太平洋艦隊に対する日本海軍駆逐艦の奇襲攻撃（旅順口攻撃）に始まった。開戦の時期としては、ロシア側にとっては最悪の季節であったというべきだろう。なぜなら、シベリア鉄道がバイカル湖で分断されているため、冬季に同湖が氷結すれば砕氷船による不安定な輸送に依存せざるを得ず、満洲への兵站輸送量が低下するからだ。

極東への輸送を掌《つかさど》るシベリア鉄道は、バイカル湖の結氷によって、鉄道連絡船が就航不能の状態になるため、バイカル湖西岸に滞貨の山を作りだしていた。バイカル湖を横断するための唯一の方法は、馬橇《ばそり》の利用であった。

イルクーツクに設けられた輸送対策本部は、窮状の打開に頭を悩ましたが、交通大臣ヒルコフ公自身の発案といわれる非常策を実行した。非常策とは、硬く結氷した湖面上に仮設の線路を敷設《ふせつ》して列車を運行するとする大胆かつ危険な内容であった。

ボーリングによって、氷の厚さは一・五m以上と判定されていたから、かなりのスピードで列車を走らせても大丈夫と考えたのである。零下四〇度にも達する寒さのなかで、西岸のターミナルを構成するバイカル港駅とザバイカル線の起点タンホイ駅の間を結ぶ氷上

図16　バイカル湖周辺の鉄道

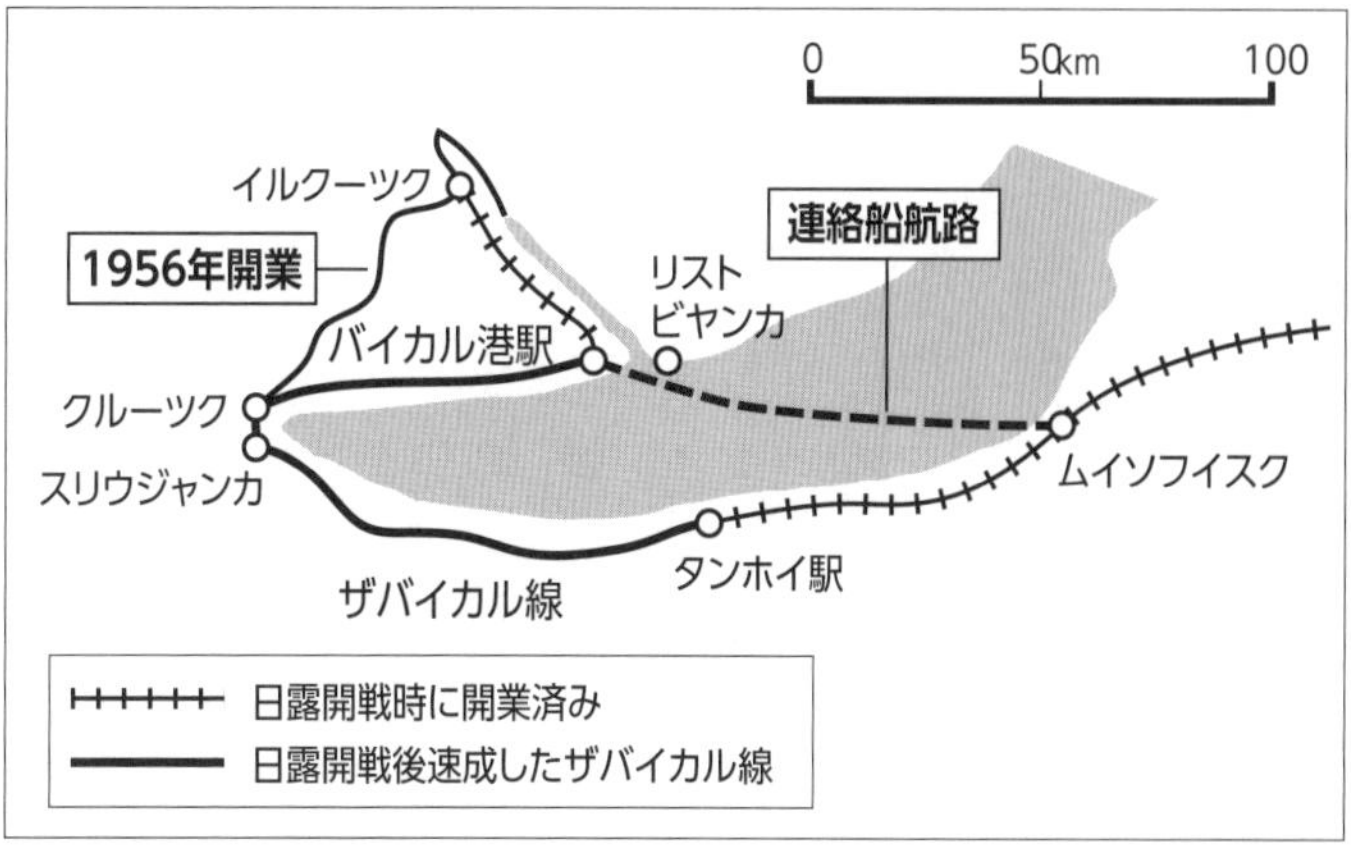

の仮線（湖面の横断距離がバイカル港駅～ムイソフイスク間よりも短い）が、突貫工事で敷設された。

だが、機関車を氷上の仮設線路上を自力で走行させる試運転は、無惨な失敗に終った。バイカル湖面は局所的にではあるが氷厚の不足する部分が点在し、水盤に亀裂が生じて軌道を破壊したからである。

氷上に孤立してしまった機関車を回収するために、部品が最大限に取りはずされ、自力運行不能となった車体を、ロープでひっぱる作業が行われた。車両は貴重であり、不足するザバイカル線の輸送力を増強するためには、車両回収は不可欠だったのだ。

右記の失敗を教訓に新たな試みが始まった。

湖岸の森林からは、昼夜を問わず木材が切り出され、常識では考えられぬ長さの補助まくら木が製造され、三〇フィート（約九ｍ）の間隔で敷設されることになった。目的は線路にかかる重量を広い範囲に分散させ、また水盤に亀裂が生じた場合にも、できる限り危険を回避するための措置であった。

かくして、バイカル港に滞留中の車両は、六〇〇〇人の労働者と一〇〇〇頭の馬によって、氷上の線路の上を用心深くけん引されていった。氷上の非常輸送は、日露戦争開戦二〇日後には組織化され、五週間で二四〇〇の車両ぶんの軍需物資が、湖上を横断する仮設線経由で満洲に送られた。バイカル湖上で非常手段（氷上の仮設線路による輸送）がとられていたその時期に、既設の各線では、交差のための待避線や給炭水施設の増設をはじめ、急勾配線の改良、レールの取替など、輸送力を増強するための施策が進行した。

このように多くの努力が払われたにもかかわらず、シベリア鉄道がフルに稼働できない最大のネックは、やはりバイカル湖航路の存在であった。バイカル湖南端を迂回する路線の建設が採算を極度に重視するあまり見送られていたために、このような結果を招いたといえるだろう。

すでに述べたように、バイカル湖迂回線（ザバイカル線）の工事は、一九〇一（明治三四）年には着工されてはいた。ザバイカル線とバイカル港を結ぶ路線のなかでは、ムイソフイスク～クルーツク間のおよそ一六〇㎞には、技術的な困難はほとんど存在しなかったが、切りたった山腹がバイカル湖に直接に落ちこむバイカル港駅―クルーツク間の八〇㎞が、難工事を極めた。この区間では、山腹を切りくずし、全長六・四㎞あまりのトンネルを建設したうえ、二〇〇以上の橋梁《きょうりょう》を架設する必要に迫られた。

バイカル湖迂回線は、日露開戦当時、ムイソフイスク～タンホイ間の五六㎞が既に完成し、バイカル港～クルーツク間では、土木工事が最終工程に入っていた。ロシアは兵站輸送上の必要性から、死に物狂いの突貫工事を継続した。こうして、バイカル湖迂回線は、一九〇四（明治三七）年九月に全区間が完成し、九月二五日、公式に開通した。

同年二月の日露戦争開戦後、氷上・水上の非常輸送（二月から九月）に加え、九月以降のザバイカル線が開通したあとの合計一一ヶ月間（二月から一二月末）に、シベリア鉄道を経由して五一万の兵員と、これに見合う軍需物資が満洲に送られたといわれる。

そのことがやがて在満のロシア軍戦力を増強し、戦史に名高い奉天会戦（一九〇五〔明治三八〕年二月二一日～三月一〇日）における日本陸軍の苦戦につながることにもなるわけである。因みに、奉天会戦における兵力は、日本の満洲軍は、総兵力二五万人、砲九九二門、機関銃二六八挺《ちょう》、一方のロシア軍は、総兵力二九万人、砲一三八六門、機関銃五六挺であった。

兵站上注目すべきは、ロシア軍はシベリア鉄道の全面開通により、時間とともに兵力と軍需物資を急速に増援できるようになったことであろう。

一方の満洲軍は、満洲の奥地に進めば進むほど兵站線が延びることになり、また国力の違いからさらなる兵力と軍需物資の増援はほとんど望めない状態にあり、まさに攻勢攻撃ができる限界点に達していた。

そんななか、バルチック艦隊は一九〇四（明治三七）年一〇月一五日にリバウ（現・ラトビアのリエパーヤ）を出港し、日本を目指して進んでいた。奉天会戦終了直後には喜望峰を回りマダガスカル北部に浮かぶ島ノシ・ベに着いていた。

日本海海戦の意味合いを検証する

新型コロナウイルス禍の最中のこの（二〇二〇〔令和二〕年）五月、日露戦争の勝敗を事実上決定づけた日本海海戦から一一五年目を迎えた。一九〇五（明治三八）年五月二七日から二八日にかけて、日本の連合艦隊とロシアのバルチック艦隊との間で歴史上に残る海戦が行われた。この海戦は日露戦争中最大規模の艦隊決戦であり、その結果、連合艦隊は海戦史上まれに見る勝利を収め、バルチック艦隊の艦艇のほぼすべてを損失させながらも、被害は小艦艇数隻のみの喪失に留めた。この結果は和平交渉を拒否していたロシア側を講和交渉の席に着かせる契機となった。

バルチック艦隊（第二・第三太平洋艦隊）のロジェストヴェンスキー司令長官（航海中に少将から中将に昇進）は、アフリカ大陸東沖・マダガスカル島に到着後、旅順港陥落（一九〇五年一月一日）の報を受け取った。そうなれば、艦隊はウラジオストックを目指すしかない。三月中旬にマダガスカルを出港したバルチック艦隊は、四月初旬マラッカ海峡に入った。同司令長官は、同月末には、フランス領インドシナ（ベトナム）のカムラン湾北方ワン・フォン港に艦隊を停泊させ、ツァーリが急ぎ編成した第三太平洋艦隊の到着を待った。合流した第三艦隊は、一八八八年進水のニコライ一世と沿岸防衛用の戦艦三隻などからなっていた。これら増派された艦船は、アルゼンチンから購入予定の巡洋艦の取得に失敗したことを補うためのものであったようだ。アルゼンチンは、イタリアに発注していた軍艦二隻を、チリとの軍縮協定で不要になったので、日本へ譲ったのだった。その二隻とは、モレノ（日進）、リバダビア（春日）で、皮肉にも日本海海戦では大活躍し

図17　バルチック艦隊「三つのコース」

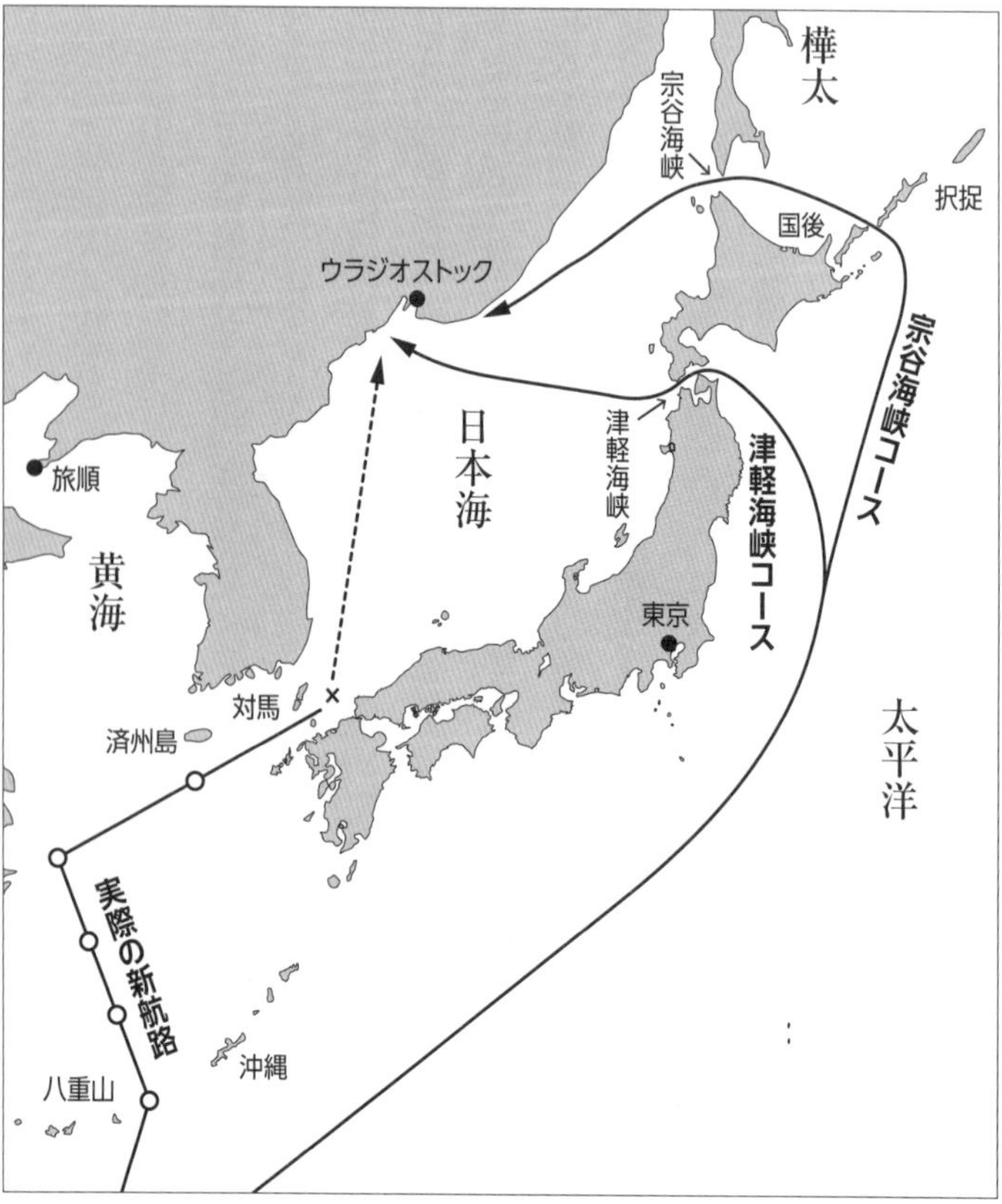

た。五月一四日、バルチック艦隊は日本との決戦に向け航行を開始した。

連合艦隊は、バルチック艦隊の日本への接近・動向は逐一把握していた。連合艦隊の作戦参謀の秋山真之中佐は、バルチック艦隊に対する迎撃計画を策定するうえで、同艦隊の進路を予測することが極めて重要と認識した。秋山は、それについては何千回も何万回も思考を巡らし、また情報を把握する手も打っていた。

バルチック艦隊が、唯一のロシア海軍根拠地のウラジオストクへのコースとしては対馬海峡コース、津軽海峡コース、宗谷海峡コースの三つがあった（図17参照）。

これについては、東郷平八郎司令長官はもとより、秋山中佐も「敵は対馬海峡コース」と想定し、迎撃計画を策定していた。秋山は、「焦慮細心は実行の要能である」というのが信条であり、津軽海峡コースと宗谷海峡コースについても、徹底的に研究していたはずだ。

余談になるかもしれないが、マハン提督の教えを受けた天才戦術家の秋山の頭のなかに分け入れば、次のような「空恐ろしいシナリオ」までも考えていたに違いない。それは、バルチック艦隊による東京・大阪への直接攻撃という一大奇策だ。筆者が考えた、その奇策の大要はこうだ。

バルチック艦隊を三つのグループに区分・編成する。第一グループは、速度の速い少数の囮《おとり》艦隊（対馬海峡付近で日本連合艦隊を拘束する任務）。第二グループは瀬戸内海を経て大阪湾に向かう艦隊。第三グループは東京湾を目指す主力艦隊である。

第一グループの任務は、対馬コースを北上し、日本の連合艦隊と接触しこれを拘束すること。連合艦隊が攻撃してきたら、逃げ、北進しようとすれば追撃するという、いわば、ゲリラ戦術を行う。これにより、日本の連合艦隊の第二・三グループへの対処を妨害・遅延させることがポイントだ。

第二グループは九州の東に出て、豊後水道から侵入して、まず門司・下関を砲撃し、満洲への軍需物資の積出港を破壊する。連合艦隊の追撃を阻止するために、関門海峡を機雷封鎖することも必要だ。次いで瀬戸内海を遡上《そじょう》しながら山陽本線を砲撃し、満洲向けの兵站輸送にダメージを与える。呉の海軍工廠《こうしょう》（当時、ドイツのクルップと比肩しうる世界の二大兵器工場）も砲撃・破壊する。最終的には大阪湾に入り、海軍陸戦隊を応急に編成し、大阪（可能なら京都も）を占領する。日本の連合艦隊の攻撃に対しては、大阪市民を人質にとって対処する。石炭や食料・水などは「現地調達」による。勿論、海賊のように略奪するわけではなく、ループルや金を支払って「購入」するのだ。バルチック艦隊には貴金属のインゴットなどを積んだアドミラル・ナヒモフ号が随伴していたのだから、資金はふんだんにあった。

第三グループは東京湾口から侵入して、まずは横須賀海軍基地・海軍工廠などを砲撃する。そして一隊を湾口に残置して、日本の連合艦隊の攻撃に備える。主力はさらに東京湾に侵入し、皇居を射程圏に収め得る水域に侵入する。海軍陸戦隊を応急に編成し、現在の港区付近の要点を占領し、日本政府との交渉拠点を設ける。石炭や食料・水などはやはり「現地調達」による。

因みに、日本陸軍は予備として控置していた第八師団を一九〇四年九月に、第七師団を同年一一月に大陸に投入し、予備戦力が「ゼロ」となった。このため、急遽《きゅうきょ》一九〇五年四月に第一三師団と第一五師団を新編した。ただ、この新編二個師団が東京と大阪に来攻したバルチック艦隊に対処できたかどうかは疑わしい。

このような「不敗態勢」確立後、ロシア本国からシベリア鉄道~ウラジオストック~舞鶴経由で、ニコライ二世勅任の外交交渉団を速やかに派遣してもらう。大津事件で日本に遺恨を持つニコライ二世は、この挙を成し遂げたロジェストヴェンスキー提督に満足したことだろう。

このような「奇策」を採用していれば、バルチック艦隊は対馬沖で海の藻屑《もくず》にならずとも、生き残るだけではなく、損害を最小限にして敵（日本）の策源地にダメージを与えるどころか帝都（天皇）さえも人質として外交交渉に持ち込めることになる。

作戦参謀たるものは「想定外」は許されない。日本には打つ手がなかった。幸いにも、バルチック艦隊は秋山の予想通り対馬海峡コースに進んできた。

一一五年前の五月二七日、東郷連合艦隊司令長官は開戦直前に旗艦三笠のマストにZ旗を掲揚し「皇国ノ興廃、コノ一戦ニ在リ。各員一層奮励努力セヨ」というメッセージ（威令）を全艦隊に伝えた。もしもこの艦隊決戦で敗れれば、東郷の言葉通り、皇国は廃れてしまい、ロシアの属国になっていたに違いない。

ロジェストヴェンスキーは、ロシアでは体験したこともない炎暑のなかを二二〇日以上におよぶ長い航海で、人も船も「倦み疲れている」ことを知っており、一刻も早くウラジオストックに向かうために、対馬海峡を強行突破することに決心した。艦隊は輸送船も含めて三八隻もの艦船を擁しており、日本の連合艦隊との一か八かの大決戦になるのは明白だった。

日本の連合艦隊は開戦以来、訓練に訓練を重ねたうえ、ロシア海軍の旅順艦隊とウラジオストク巡洋艦隊との実戦を通じて鍛えられている。また、艦船の整備も万全だった。このことを客観的にとらえれば、ロジェストヴェンスキーは、対馬海峡における両艦隊の決戦は「分が悪い」と考えなかったのだろうか。

ロジェストヴェンスキーがロシア旅順艦隊とウラジオストク巡洋艦隊などから入手する「日本の連合艦隊の情報」がどのようなものだったのかは不明だが、「対馬海峡突破作戦」の採用・決心はあまりに安直でリスクが高いような気がする。案の定、第三太平洋艦隊の司令官としてロジェストヴェンスキーの指揮下に入ったネボガトフ少将は、のちに〈自分は霧の深い宗谷海峡を通ることを考えていた。〉と、回想している。

五月二六日になって、連合艦隊はバルチック艦隊が上海港外の呉松《ウースン》付近にいることを確認し、決戦に備えた。翌早朝、仮装巡洋艦「信濃丸」が長崎の五島列島の西沖合でバルチック艦隊を発見した。すぐに鎮海《チネ》湾の東郷に伝えられた。こうして二七日午後、連合艦隊とバルチック艦隊は対馬東水路で激突することになった。旗艦三笠はZ旗を揚げ、バルチック艦隊に向け突進した。連合艦隊は東郷の三笠を先頭に、バルチック艦隊の前を横切るように南西に進み、ついで距離八〇〇〇mのポイントで突然大きく方向を東北東に逆転させた（これをT字戦法という〔図18参照〕）。これによって連合艦隊はほぼ二列になって航行するバルチック艦隊に対して全砲門を横（右舷）に向けて敵の先頭艦を集中砲撃できる

図18　T字戦法海戦図

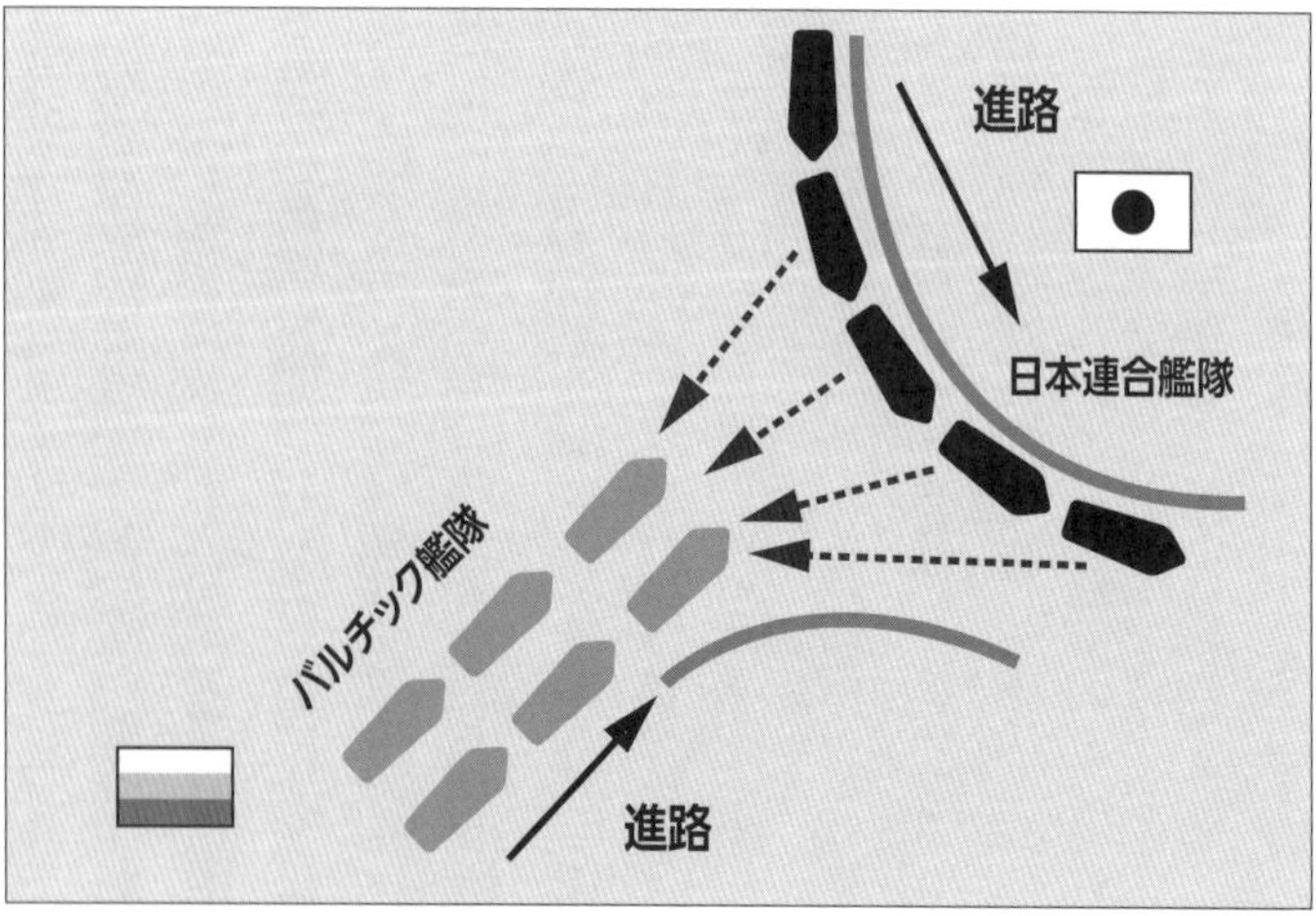

わけだ。一方のバルチック艦隊は、前方を進む艦が邪魔になるだけでなく、主砲以外の全砲門を日本艦艇に向けて撃つことも不可能で、戦力の発揮が著しく阻害・制限される形となる。

日本艦隊の左旋回を見て、バルチック艦隊の旗艦スヴォーロフは好機到来と砲撃を開始した。そのために敵弾は、最先頭の三笠に、雨あられと集中し、次々と被弾した。艦は損壊し、死傷者続出するも、東郷は砲弾が炸裂する艦橋に自らの身をさらし、ひたすら沈黙して応射させなかった。

敵前大回頭という捨て身の奇策の狙いは、バルチック艦隊の殲滅《せんめつ》だった。東郷は、戦局全般を考えれば、バルチック艦隊の主力艦を「殲滅すること」が「必成目標」であると判断していたと思われる。中途半端な勝利では、ロシアを講和条約交渉にも引き込めず、大山巖の大陸の戦いにも寄与できないからだ。また、日本にとっての生命線であるシーレーンの確保もできない。そのためには薩摩武士魂の真骨頂ともいうべき「肉を切らせて骨を切る」覚悟だった。

射距離六〇〇〇mになって、満を持していた連合艦隊の砲が一斉に火を吹き、バルチック艦隊の先頭を行くスヴォーロフとオスリャビヤに集中した。猛訓練と実戦で鍛えられた射撃の効果は歴然だった。一方のバルチック艦隊は、遠征途上でたびたび砲撃訓練を行なっていたものの、それぞれの艦がひとつの標的を狙って発砲するだけのものであり、艦隊が戦闘隊形を組んで実戦に即した演習を実施した記録はない。

まもなくスヴォーロフは出火し、後方の煙突、続いて司令塔が破壊された。そのとき、ロジェストヴェンスキーも重傷を負った。オスリャビヤもすぐに船腹に穴を開けられ、左に傾いた。

旗艦を破壊されたバルチック艦隊は、前方を遮る連合艦隊のためにウラジオストック方面に逃れることができず、東と南に散開した。しかしスヴォーロフの離脱後、ロシア艦隊の先頭に出たアレクサンドル三世も、さらにボロジノも集中砲火を浴びて沈没した。すなわち、戦闘開始数時間後には、バルチック艦隊の先頭を走る四艦のうちオリョールを除く三艦と第二戦隊のオスリャビヤが沈没もしくは戦闘不能に陥ったのである。

さらに日没後は、日本の水雷艇がバルチック艦隊に襲いかかった。この攻撃で、ナヴァリンが沈没し、シーソイ・ベリーキーなども戦闘能力を失った。

こうして翌日の海戦に残ったのは、オリョールを除けば、スヴェトラーナ、アドミラル・ウシャコフ、ニコライ一世、セニャービンなどの二線級の艦船であった。二八日のうちに、これらの艦船はほとんど、再び始まった砲撃戦で撃沈されるか、あるいは破壊されて降伏した。結局、連合艦隊の攻撃を逃れてウラジオストックに逃げ込めたのは、巡洋艦イズムルードと駆逐艦二隻だけであった。

連合艦隊は、三笠がかなり被弾したが、戦闘遂行には問題がなく、沈没したのは水雷艇三隻だけであった。死傷者は日本側が七〇〇人弱で、ロシア側は五八〇〇人あまりであった。

日本海海戦の大勝利で、①大陸の満洲軍の後方連絡（兵站）線が安全化されただけではなく、②ニコライ二世・ロシア指導部に対する精神的な打撃を与え、③国際世論が日本に傾く、などの効果をもたらした。日本海海戦の大勝利と明石工作（二〇六頁参照）によるロシア国内の不安定化とが相俟《あいま》ってニコライ二世をアメリカ大統領ルーズベルトが斡旋する講和交渉の場に引きずり出すことができた。

日露戦争に備えた日本の情報活動――兵站（衛生を含む）の視点から

日露戦争を予期・想定し、陸軍参謀本部がロシアと戦ううえで必要な情報のうち、兵站に関わるものは、①シベリア鉄道の輸送力（速度・量）及びバイカル湖付近で途切れた未完成部分の鉄道（バイカル湖西部湖岸を回るザバイカル線）の着工・完成時期、②ロシア軍の満洲における兵站基地の場所と軍需品の貯蔵状況（弾薬・食料などの量）、③ロシア軍のトラック輸送能力、④日本軍の軍需物資を輸送船から揚陸する大連や仁川の港湾能力（荷役や輸送手段）、⑤満洲における現地調達（主に食糧）の可能性とその場所・所有者、⑥赤痢やコレラなど感染症の発生状況、⑦夏の暑気と冬の寒気が兵士の健康に及ぼす影響とその対策方法、などがあろう。

また、海軍軍令部は、ロシア艦隊の基地である旅順やウラジオストックの兵站能力、とくにバルチック艦隊到着後の大艦隊に対する石炭・弾薬・食料などのストックがあるか否か、であろう。

日本は、ロシアが不凍港を求めて極東（朝鮮半島や遼東半島）に進出することを懸念し、早い時期から争点（戦場）と予想される満洲の兵要地誌と東清鉄道・シベリア鉄道（ロシアの兵站線）の開通動向などに関する情報を収集していた。兵要地誌とは戦争をするために必要な戦場現場の情報で、その対象は地形（地図）、鉄道、道路、河川、山岳、海浜、港湾、敵の陣地・要塞・配兵、気象、人口、住宅、通信施設、工場、民情など多岐にわたる。

孫子の「敵を知り己を知れば百戦危うからず」の通り、戦争に不可欠のものは様々な情報である。以下、兵要地誌とシベリア鉄道に関する情報活動の一端として、情報収集に従事した五人の情報将校とその功績を紹介したい。

石光真清——ロシア軍の極東方面進出に関する情報収集

石光真清《いしみつまきよ》は明治維新の年に熊本の士族の子として生まれ、陸軍幼年学校に入って陸軍士官となった。日清戦争に参戦した青年士官は、北の強国ロシアの影が極東に伸びていることを敏感に感じ取り、ロシア語を学ぼうと決心する。石光のロシアへの関心と懸念は、結婚と長女の誕生で一時薄れたかに見えたが、ロシアの膨張主義の止まるところのない情勢に再び焦慮するようになった。日本が三国干渉の圧力で、涙をのんで遼東半島を還付するやいなやロシアは、旅順・大連の租借権を求めたのだ。石光は遂に意を決して、一八九九（明治三二）年六月、軍を休職する形を取り、八月に私費でロシア帝国に渡航した。参謀本部の内意に基づくものであろう。まずウラジオストックに渡り、次いでブラゴヴェシチェンスクに移り、ロシア帝国軍人の家庭に寄寓《きぐう》しながらロシア語の勉強と諜報活動に携わった。この間、阿部野利恭《あべのりきょう》（熊本学園大創設者）ら多くの日本人と出会い、彼らを助け、また助けられて任務を果たす手立てを得ている。

ブラゴヴェシチェンスクはシベリア南部のアムール川（黒竜江）を挟んで五〇〇mほどの距離で満洲（中国）と向かい合う国境の街である。ブラゴヴェシチェンスクに入ってすぐの翌年、同地で起きたロシアによる中国人（清国人）三〇〇〇人の虐殺（アムール川〔黒龍江〕事件）に遭遇し、ロシアの極東進出の脅威を目撃することになった。

石光がブラゴヴェシチェンスクを選んだのは、同市がハバロフスクからウラジオストック方面と、ハルビン〜長春〜瀋陽〜旅順・大連方面の集約点であり、ロシアの極東進出全体が把握できるという理由からであろう。

石光は、特別任務（参謀本部の意向だろう）のため、一九〇一（明治三四）年一二月に予備役編入された。そして菊池正三の変名でハルビンにおいて洗濯店や写真館の経営者を装い、諜報活動を続け、満洲の地理や駐留ロシア軍についての情報を集めた。この情報収集任務は、一九〇四（明治三七）年二月の日露戦争開戦に伴い、召集を受けて第二軍司令部副官に就任（同年三月）するまで続いた。

石光の情報活動の一端を紹介しよう。石光はハルビンで、東清鉄道会社のロシア人の手引きで念願の写真館（菊池写真館）の開業にこぎつけることができた。写真館は情報活動にとってこれ以上のものはない事業であった。というのも、ロシア軍の特命を受けて鉄道の建設や橋梁の完成写真の撮影まで行うことができたからだ（これについてはあとで詳述）。スパイ活動は信用第一。師事した橘周太――陸軍中佐。遼陽の戦いで戦死し、軍神とされた――から「信用は求むるものに非ず、得るもの」と訓《おし》えられたが、石光の誠実な人柄は生得のものだった。

写真館開業後、石光は、民間人ながら陸軍の特務機関に協力し、ロシア軍の輸送路破壊工作に従事する沖禎介《おきていすけ》、横川省三《よこかわしょうぞう》やのちに有名な小説家になる二葉亭四迷などと頻繁に会い、情報交換をした。ペテログラードから帰任する田中義一（当時中佐、のちの総理）の訪問も受け、情報交換をした。田中と石光の歩いた道を辿《たど》ると、あまりにも明暗が別れ、

図19　整備された鉄道網

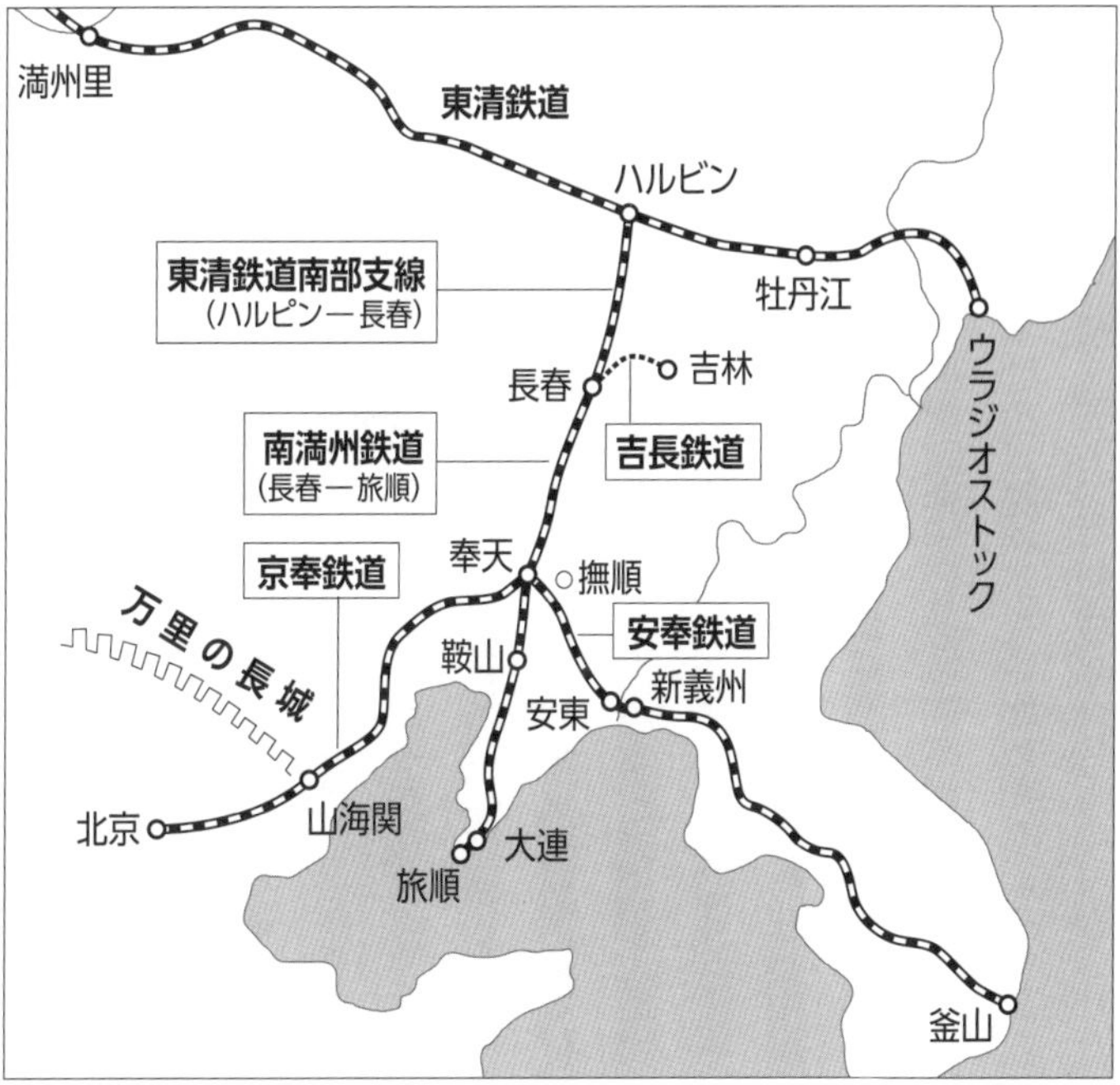

人生の悲哀を思わないではいられない。長州閥のラインに乗った田中は栄進の道（陸軍大将・総理）を駈《か》け上がり、肥後人石光は名利を求めぬ孤独の裏方に徹してひたすら情報任務に邁《まい》進《しん》した。

石光の兵站に関する情報活動は、東清鉄道に関する情報収集であった。一九〇一（明治三四）年一〇月、参謀本部第一部長（作戦・動員担当）の伊地知少将がわざわざウラジオストックまで隠密に来航し、「とくに北部満洲における露国の行動経営を視察し報告すること」という命令を石光に伝えた。

石光は前述の通り、ハルビンで写真館を経営し、「ロシア軍当局の御用写真屋」となり、東清鉄道の写真はもとより、満洲各地の重要地域や重要施設（予想戦場の重要な地形・地物=兵要地誌）はほとんど撮影し、機密写真はトランクや荷箱の内側に密かに張り付けられてウラジオストック経由で参謀本部に送られた。

石光はさらに、ハルビン駅から満洲各地に配置されたロシア軍駐屯地に武器・弾薬・食料を積んだ二〇〜三〇台の馬車隊が二〇騎くらいの騎兵を付けて配送していることを突き止めた。石光はその情報をもたらした中国人の部下の王爾宝を通じ、わざわざその馬車隊に便乗させてもらったという（『曠野《こうや》の花』中公文庫）。

日露戦争後は東京世田谷の三等郵便局長を務めたりしたが、一九一七（大正六）年に起きたロシア革命の後、再びシベリアに渡り、諜報活動に従事した。シベリアから帰国したあとは、夫人の死や負債等、失意の日を送り、昭和一七年（一九四二年）に七六歳で没した。

一九九九（平成一一）年、晩年に書きためた手記や収集した地図・文書・写真など約七五〇点が遺族から、国立国会図書館憲政資料室に寄贈された。また、長男・真人氏がまとめた「石光の手記」（『城下の人』『曠野の花』『望郷の歌』『誰のために』の全四部作〔中公文庫〕）が石光の人生を伝えている。

中村天風――軍事密偵としてロシア軍兵站基地（ハルビン）に対する破壊活動

　中村天風は日露戦争前から満洲に渡り、軍事密偵の任務を務めた。柔道の試合をめぐる遺恨から、正当防衛で人をあやめた天風は、修猷館《しゅうゆうかん》（1784年開館の福岡藩藩校、甘棠館と修猷館に起源を持つ学校。現・福岡県立修猷館高等学校）を退学し、頭山満《とうやまみつる》（明治〜昭和時代前期の国家主義者）の玄洋社《げんようしゃ》（日本の国家主義・大アジア主義の草分けをなす団体）で浪々の日を送っていた。そんなとき、頭山の計らいで、河野金吉中佐のカバン持ち（じつは軍事密偵）として日清開戦前に主戦場となる満洲に潜入することになった（一八九二〔明治二五〕〜一八九三〔明治二六〕年）。潜入目的は、日清戦争の主戦場に想定される大連から遼東半島の金州城や鴨緑江河岸の九連城周辺の兵要地誌について偵察・調査・記録することだった。

　清国は、当然日本の偵察・調査活動があるのを予期し、対抗手段を講じていたはずだ。したがって、その任務遂行は極めて困難であったことだろう。そんな環境のなかで、天風

図20　日清戦争概略

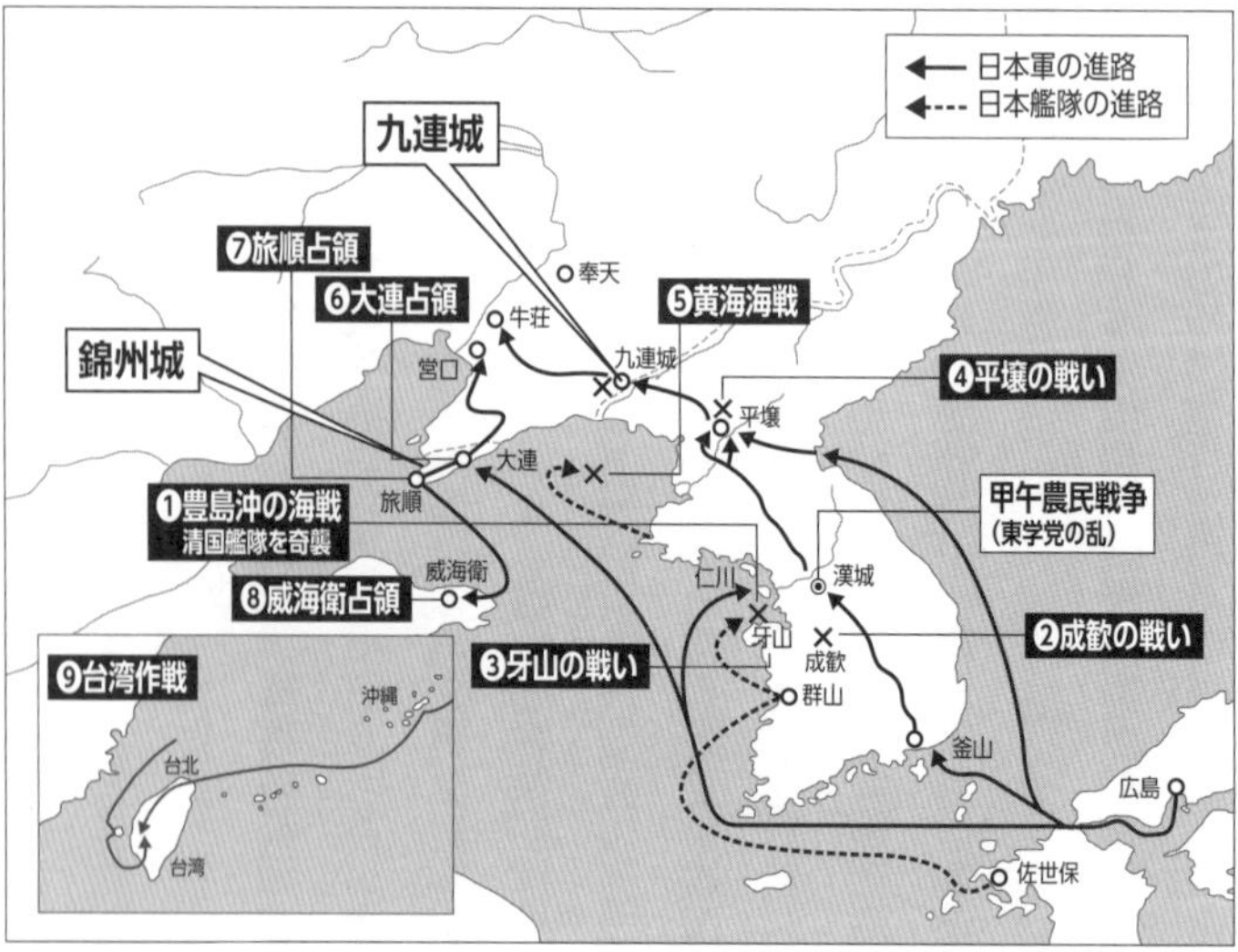

は、河野中佐の手足となり精力的に探索行動を行い、成果を上げた。天風は、この約一年間に中国語を習得した。

河野中佐と天風の任務は、日清が戦う場合の予想戦場の兵要地誌の偵察であった。

とくに海洋国家日本にとっては黄海を超えて陸軍戦力を上陸させる遼東半島――上陸成功後は兵站物資の揚陸地（大連・旅順港）――の要点となる錦州城や鴨緑江の渡河地点を制する九連城周辺などの偵察が重要課題であった。

参謀本部は、早い段階から朝鮮半

図21　第一軍所有軍用地図

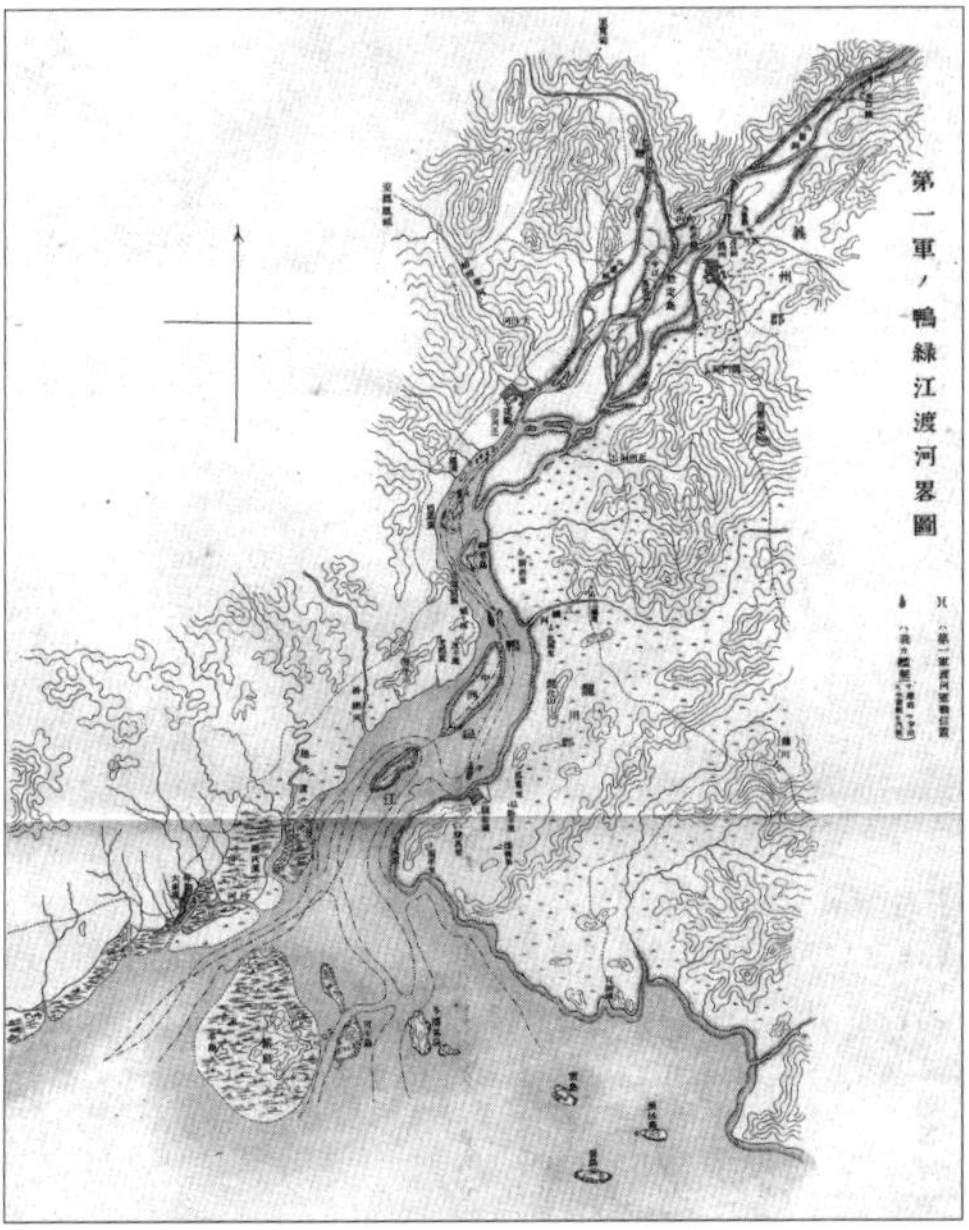

河野中佐と天風の情報収集の成果が反映された地図は、第一軍の鴨緑江渡河作戦に大いに役立ったことだろう

島（仁川・釜山）と遼東半島（大連）への上陸と、その後両半島からの進撃——形としては二方向からの分進合撃（分散した部隊が集中するように機動・攻撃する方式）——を考えていたものと思われる。

図21は河野中佐と天風が収集した情報の成果が反映されたと思われる地図である。これは日清戦争時、第一軍（山縣有朋司令官）が所有していた軍用地図である。地図は軍需品のひとつで、陸上自衛隊では「第十種補給品」に分類されている。

明治政府発足後、日本は初めて外国と戦うことになった。相手は、アジアの超大国の清

――「眠れる獅子」と畏れられた――であった。その緒戦である九連城の戦いでは、この地図の例に見られように、河野中佐と天風が収集した情報成果――鴨緑江周辺の河川（とくに渡河点）・地形・城などの要点――が大いに生かされた。

「九連城の戦いで、日本軍が無血入場できたのはなぜか？」という松田十刻氏の論文はこの戦いについて次のように述べている（https://www.kk-bestsellers.com/articles/-/5157/）。

〈明治27年（1894）9月25日午前6時10分ごろ、左岸の砲兵隊が援護射撃するなか、日本軍は各堡塁や砲台への攻撃に踏み切った。清国軍は精鋭部隊を虎山方面へ差し向け、一進一退の攻防戦となった。日本軍は前進を阻まれたが、架橋で渡河した増援部隊が野砲の援護を受けて攻勢に転じた。

清国軍が九連城へと退却し始めると、日本軍は鬨《とき》の声をあげる吶喊《とっかん》で突撃。波状攻撃を受けた清国兵はほうほうの体で逃げだした。虎山に着いた山県有朋大将は翌日に九連城へ総攻撃をしかけるように命じた。が、清国軍はその夜のうちに退却。第1軍は26日、無血入城を果たした。

この勝利を決定づけたのは、日本軍の機動力である。鍛え抜かれた工兵は臨機応変に架橋し、軍馬や砲兵隊を短期間のうちに清国領へ送り込んだ。

日本陸軍は軍政をはじめ編制、装備とも列強並みの近代化をはかっていた。これに対し清国は満洲人が所属した旧来の軍事組織である八旗を正規軍としてきた。だが、あらゆる面で時代遅れと化したことから八旗から選抜した練軍を編制。外国人将校の軍事指導を受けていたが、装備も訓練も不十分だった。これとは別に各地で自警団から発展した軍閥は傭兵主体の地方軍（勇軍）を擁していた。北洋大臣兼直隷総督の李鴻章も軍閥出身で、全軍を統制する能力に欠けた政府に代わって指揮をとっていた。

日本陸軍は国産小銃（ライフル）としては初の村田銃（村田経芳が開発）を装備。日清戦争では主に単発の13年式と18年式（一部22年式連発銃）が使用された。清国軍は小銃もばらばらで互換性がない。士気も低く劣勢になると武器や弾薬を捨てて逃げる始末だった。

この渡河作戦でも日本軍は近代的な軍隊であることを列国に強く印象づけた。〉

日本の第一軍が九連城の戦いで勝利した意義は大きい。新生の帝国陸軍が「勝利の自信」を付けたことに加え、「鴨緑江の渡河点を確保したこと」だ。「鴨緑江の渡河点を確保したこと」により、日本陸軍は遼東半島正面から上陸した第二軍（司令官は大山巖大将）と呼応して二正面から清軍を圧迫・攻撃できるようになった。また、鴨緑江という障害を克服し、朝鮮半島経由の兵站物資を輸送できる体制が確立された。

天風の軍事密偵としての任務はその後も続いた。日清戦争（一八九四〔明治二七〕年〜一八九五〔明治二八〕年）が終わると、今度は日本とロシアの間で、朝鮮半島と満洲の権益をめぐり対立が深まった。参謀本部は秘密裡《ひみつり》に軍事密偵を募集し、天風はそれに採用された。

天風は日露開戦一年前の一九〇二（明治三五）年末に、呼称番号一〇三、藤村義雄の偽名で満洲に潜入した。ただちに、日露開戦前のロシア軍情報の収集と後方攪乱《かくらん》のための謀略工作を開始した。天風は、満洲生まれ・育ちの橋爪亘、近藤信隆とチームを組んだ。ふたりは満洲人そっくりで中国語も堪能だった。

翌一九〇三（明治三六）年は、しばらく北京と天津での任務をこなし、再び満洲に潜入した。この間、ハルビン西方の宋屯付近にある、日本人女性のお春が頭目として仕切る馬賊の拠点で数日間滞留した。軍事密偵は徒手空拳でひとり、多くても二、三人で行動する。情報を集めるにしても、ロシア軍の兵站連絡線のシベリア・東清鉄道の要所（鉄橋など）

を爆破するにせよ、兵站基地を襲撃するにせよ、「加勢・協力者」が必要である。その点、お春が日本人であることと、馬賊を率いていることはこのうえもない頼りになる存在だった。

お春は「ハルビンお春」と呼ばれていた。天風は、ハルビンお春のことが、生死を賭ける戦場で健気に咲いた〝一輪の花〟に思えた。のちに天風は「私は、世界の三分の二を回ってきたが、美人だと思ったのは、ハルビンお春とサラ・ベルナール（フランス人女優）のふたりだけだ」と述懐したという。

天風は、ハルビンお春には色々と助けられた。こんなこともあった。ハルビンお春が、玉齢という名の一六歳の少女を天風に贈った。玉齢は、馬賊から拉致されたのであった。天風は玉齢が不憫《ふびん》になり、馬車に乗せて実家まで送り返してやった。

それから一ヶ月ほどして、天風はコサック兵に捕らわれ、死刑宣告を受けた。そのまま刑場に連れていかれ、杭に縛り付けられた。

コサック兵の指揮官が「ロシア帝国皇帝ニコライ二世の名において銃殺刑に処する」と宣言し、「撃ち方用意」という号令をかけた。射手達が一斉に銃を構えると、流石《さすが》の天風も観念して瞑目《めいもく》したという。

その瞬間奇跡が起こった。同僚の橋爪とあの玉齢が、ハルビンお春率いる馬賊とともに駆け付け、コサック兵目がけて手榴弾を投げつけた。手榴弾はコサック兵をなぎ倒し、天風も杭ごと吹き飛ばされたが、幸いにも九死に一生を得た。残念なことに、玉齢はコサックの銃弾で殺されてしまった。天風は以後この日を、己の「第二の誕生日」と決め、命の恩人の玉齢を偲《しの》ぶ日としたという。

一九〇三（明治三六）年二月、日露戦争が勃発した。

天風は、それまで培ってきた馬賊などの支援を得て、ロシアの後方兵站基地があるハルビンで破壊活動を展開した。少数のゲリラ攻撃で敵の兵站基地やシベリア第二兵団軍司令部を襲った。司令部を襲えば、その効果は絶大である。司令部の機能が麻痺すれば「首を切られた人間」同様、軍隊は戦力を発揮できないからだ。

四月には後方攪乱で、松花江に架かる東清鉄道の鉄橋を爆破した。東清鉄道はハルビンで旅順方向とウラジオストック方向に分岐するが、分岐する直前に松花江を横断する鉄橋を通過する。この橋を爆破すればウラジオストックのロシア海軍にも長春・奉天・遼陽などのロシア陸軍や旅順の陸海軍にも兵站物資が供給できなくなる。

また、陸軍の特務機関に協力し、ロシア軍の輸送路破壊工作に従事するも、ロシア軍に処刑された横川省三大佐と沖禎介大尉（石光真清の項で説明）の遺骨を奪還した。「骨を拾う」という行為は、精神的な戦力強化につながる。兵士たちは、「自分は国・軍から見捨てられない。死んでも骨を拾ってくれる」という確信がなければ、命を懸けて戦う気持ちにはなれない。残念ながら、大東亜戦争における戦死者の遺骨は、いまもたくさん未回収のままだ。

このように、天風は日露戦争では何度も生死の境を潜り抜けた。天風は、以前にも死と向かい合ったことがある。出刃包丁を持つ熊本濟々黌《せいせいこう》――熊本県内で最も古い一八七九（明治一二）年創立の高等学校――の柔道部の大将と揉《も》み合っているうちに、相手の大将が誤って自分の腹を抉《えぐ》って死亡した事件だ。

人間が自分の心と向き合う場面で、その心が最もピンチに陥るのは「死の恐怖」と向き合うときである。このように天風は、戦場において何度も「己の死の恐怖」と向き合った経験がある。そして最後に、しかも長期にわたって「死の恐怖」と向き合うことになったのが、日露戦争直後に奔馬性肺結核に感染したときだった。

天風の人生全体を振り返れば、戦場において生死の境を潜り抜ける体験さえも、のちにヨーガの修行を基礎にして、心身統一法を創出するうえで大いに役に立ったというべきだろう。

福島安正中佐——単騎ユーラシア大陸横断

以下は、主として伊勢雅臣氏が書かれた「人物探訪：福島安正・陸軍少佐のユーラシア単騎横断」というエッセイの記述を参考に論考した。

福島安正は日本の陸軍軍人で最終階級は陸軍大将。語学が堪能で情報分析に秀でており、萩野末吉——情報将校の元祖。最終階級は陸軍中将——に続く有名な情報将校である。一八八七〔明治二〇〕年三月、安正は少佐に昇進し、ドイツ公使館付武官としてベルリン駐在を命ぜられた。

安正は、参謀本部管西局——朝鮮・支那沿海担当——勤務時代〔一八七九〔明治一二〕年一二月～一八八三〔明治一六〕年六月〕には管西局長の桂太郎とともに中国、朝鮮などを二度にわたり実地調査〔情報収集活動〕し、これらを踏まえ「対清作戦策」を作成した。また、一八八六〔明治一九〕年にはインド、ビルマ方面を視察のうえ、報告書を提出している。したがって、ドイツ公使館付武官に赴任するころには、安正の情報将校としての実績は揺るぎないものになっていた。

赴任後の翌一八八八（明治二一）年、安正はロシアが東洋進出のためにシベリア鉄道建設を企画しつつあるという情報を得た。この鉄道の軍事的な意味は明らかだった。それまでのロシアは欧州の兵力を極東に運ぶ効率的な手段を持っていなかった。海路では喜望峰を回らねばならず、非常な時間と費用がかかった。また列強の領海を通過せねばならないので、英国などから干渉される恐れがあった。しかし、自国の大陸内を鉄道で運ぶなら、誰も口出しできない。鉄道を敷設すれば、極東侵略のための兵力も物資も、効率的に送り込むことができるようになる。

安正は、情報として得たロシアのシベリア鉄道建設の企画について、実地調査する必要性を痛感し、一八九一（明治二四）年一月、ユーラシア大陸横断の計画を立て、参謀本部に旅行申請を提出した。ちょうどこの月に、アレクサンドル三世はシベリア鉄道の建設を正式に宣言した。それから間もなく、ロシア政府から日本政府に、ウラジオストックにおけるシベリア鉄道起工式に皇太子ニコライを派遣するので、そのついでに日本を訪問させたい、という通報があった。筆者はこれについて「ロシアは、厚かましいにもほどがある。完全に日本を見下し、舐《な》めている」と感じるが、アレクサンドル三世の真意はどうだったのだろうか。

一八九一（明治二四）年五月一一日、訪日したニコライが、大津で警護の巡査に斬りつけられて負傷するという事件が起きた（大津事件）。一時は日露開戦かと日本中がおののいた。安正に参謀本部からのユーラシア大陸横断計画の認可がおりたのは、この事件の後であった。

三年後にロシア皇帝となったニコライ（ニコライ二世）は、大津事件の遺恨からか、日清戦争後の三国干渉を主導した。また、日露戦争敗北後のポーツマス会議では「ひと握りの土地も一ルーブルの金も日本に与えてはならない」と側近に指示して、日本を窮地に追い込んだ。

一八九二（明治二五）年二月一一日（紀元節）にベルリンを出発した安正は、三日目には旧ポーランド領に入った（安正は出発時は少佐で、旅の途中で中佐に昇任）。旧ポーランドは、一七七二年、一七九三年、一七九五年の三度にわたってドイツ（プロイセン）、ロシア、オーストリアによって分割された末に消滅（ポーランド分割）し、一二三年間にわたり他国の支配下ないし影響下に置かれた。

淋しき里に出たれば、

図22　安正のシベリア単騎横断ルート

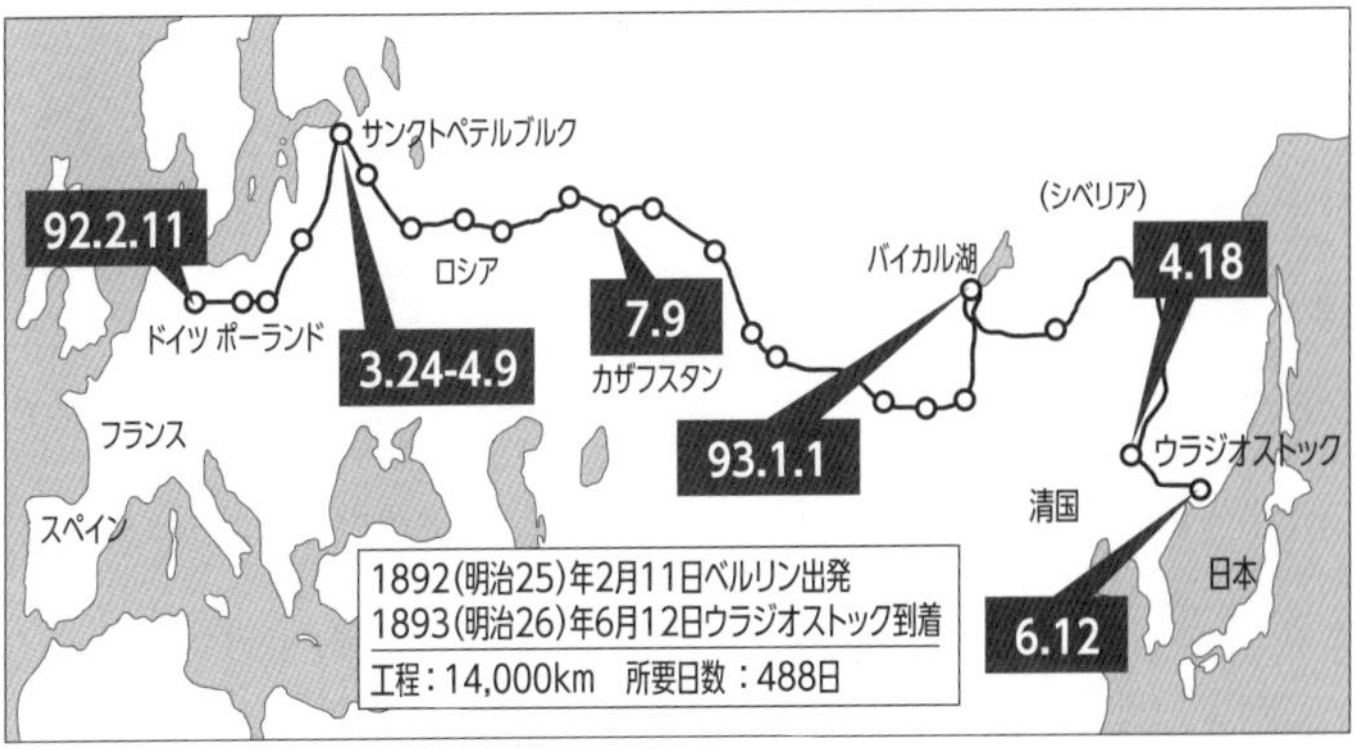

ここは何処と尋ねしに、
聞くも哀れや、その昔、
亡ぼされたるポーランド

この歌詞は、明治時代の歌人・落合直文の作で、「福島少佐のシベリア横断の歌」として愛唱された。この歌で醸された、国を失ったポーランドへの同情は、ロシア革命後の混乱のなか、シベリアの地で苦境に陥っていたポーランド人革命家の孤児七六五人を、二回にわたって（一九二〇〔大正九〕年と一九二二〔大正一一〕年）シベリアに出兵していた日本軍が救出する措置につながったのかもしれない。

ワルシャワを経て、二月の後半はリトアニア、ラトビア、エストニアのバルト三国を通過する。

かつては独立国として繁栄していたが、安正通過時はロシア領となっていた。当時も弾圧に耐えながら、地下で独立運動が続けられていた。安正は、「日露間に戦端が開かれたら、これらの独立革命家を支援、扇動して、帝政ロシアを西（背後）から攪乱する手もあるな」、と考えた。このアイディアは、日露戦争時に明石元二郎大佐により実行に移され、大きな成果を上げた。

三月二四日、安正はロシアの首都サンクトペテルブルクに入った。四二日間で一八五〇㎞、日本でいえば鹿児島〜仙台間を走破したことになる。歴史的に諜報には敏感なロシアは安正の動きを強い関心をもって捉えていたと見えて、騎兵将校が出迎え、騎兵学校の貴賓室に案内され、賓客として扱われた。因みに安正も騎兵将校だった。ユーラシア大陸の単騎横断という安正の壮大な企図に敬意を表すると同時に、ロシアの極東進出の魂胆を諜報されるのではという猜疑心《さいぎしん》があったのであろう。

安正はここで半月ほど過ごして、情報収集にあたった。ロシア陸軍の総兵力、編成が明らかになった。それは日本の一四倍という規模であった。

ロシア陸軍の総兵力、編成を短期間に把握できたのは、安正の巧みな情報収集術の成果だといえるが、もしかしたらこれはロシア側の意図的な「情報戦（リーク）」だったのかもしれない。

ロシアは「我々の陸軍には日本陸軍に比べ圧倒的な戦力があるぞ。俺たちに対抗できると思うなよ」という、一種の日本に対する脅迫として、安正に情報を与えたのではなかろうか。このやりかたは、アレクサンドル三世がシベリア鉄道の起工式に派遣する皇太子ニコライを、この機に日本を訪問させる底意と似ていて、日露間の国力の圧倒的な格差を見せつけることで、日本の対抗意識を削《そ》ごうとする意図があるような気がする。

ロシア陸軍の華とされる騎兵隊は、軍紀粛正で訓練に熱心な精鋭ぞろいであった。日露戦争では、この騎兵に苦しめられることになる。しかし、歩兵や砲兵の練度はムラがあり、ロシア王朝の頽廃《たいはい》に影響されてか、軍紀も弛緩《しかん》し、皇帝への忠誠心にも疑問があった。情報将校としての安正の目は確かであった。

三月三〇日、安正は皇帝アレクサンドル三世への拝謁を許された。皇帝は安正のユーラシア横断に非常な興味を抱いていた。とはいえ、大津事件の余波も残っており、安正にとっては気骨が折れる拝謁だったに違いない。

四月九日、サンクトペテルブルクを出発し、七二〇㎞を一六日間で走破して、四月二三日にはモスクワに着いた。モスクワではシベリア鉄道に関する情報を集めた。その結果、東西両端から建設工事を始めることや当時の未完成線路が約七〇〇〇㎞であることが判明した。安正は、それまでの工事速度（年間七〇〇㎞）から推計して、一〇年後の一九〇二年には完成するだろうと予測した。この安正の予測はおおむね当たっており、日露戦争開戦から約七ヶ月後の一九〇四年九月二五日に全区間が完成・開通した。

五月六日、モスクワを出発し、七月九日、ウラル山脈の頂上に到達、かねて聞いていた「頂上の碑」を発見した。高さ三ｍほどの石碑に、「西はヨーロッパ、東はアジア」とロシア語で記されていた。

ここからがいよいよシベリアである。帝政ロシアはシベリア開発のために多くの労働力を必要とし、犯罪者や政治犯を多いときには年間二〇〇万人も送り込んでいた。貧しいシベリアではコレラが流行しており、安正が通過する町々では広場に死体の山が築かれ、「死の町」のような静けさに覆われていた。

安正は夏の間に一気にシベリアを横断し、九月二四日、日本人として初めてアルタイ山脈を越えて、外蒙《がいもう》に入った。かつて草原を支配した蒙古《もうこ》民族も、いまは清国の支配下にあるが、眠るが如き清国政府はかかる辺境には無関心で、国防の配慮も乏しかった。それとは対照的に、帝政ロシアの経済的、軍事的影響が強まりつつあった。

東進するロシアは、必ずこの外蒙を手中に収めるであろうと安正は予測した——実際に二〇年後の辛亥革命《しんがいかくめい》で清朝が崩壊すると、ロシアは外蒙を勢力下に収めている。その次は満洲、朝鮮、そして我が日本である。寒さの厳しい高原を、馬の背にゆられながら、安正は祖国に迫るロシアの脅威を案じ続けた。

約二ヶ月かかって外蒙を横断すると、安正は再び北上してロシア領に入り、バイカル湖畔にたどり着いた。シベリア鉄道の工事が、まだここまでは達していないことが確認できた。

一八九三（明治二六）年の元旦を、安正はバイカル湖畔から東へ一一〇㎞の町で迎えた。零下三〇度の寒さで風邪を引き、ホテルで三日間の寝正月を決め込んだ。

二月一一日の紀元節。ベルリンを出発して一年近くが経過した。安正はいままでの旅が無事であったことを神仏に感謝した。しかしこの日、安正は馬から氷上に転落し、頭部に深い傷を負った。五日間、農家で療養したあと、再び東に向かい、三月二〇日、氷結しているアムール河を渡って、満洲に入った。

四月一八日、吉林の手前で、この地方の風土病にかかり、一八日間も田舎の宿で昏睡《こんすい》状態が続いた。祖国まであと一〇〇〇㎞あまりのところまで来たのに、こんな満洲の田舎で果てるのか、と無念に思った。しかし、なんとか元気を回復し、五月七日にようやく出発。

六月一日、満洲と朝鮮を隔てる険しい山を越えると、前方遠くに青い海が見えた。日本海である。そこからは再びロシア領に入り、六月一二日、安正はついにウラジオストックに到着した。ちょうど一年四ヶ月で一万四〇〇〇㎞を踏破し、見事に任務を遂行したのである。大勢の日本人が万歳で出迎えた。到着の知らせは国内外に伝わり、世界中の新聞が世紀の壮挙と大きく報道した。

安正はウラジオストックから三頭の愛馬とともに、東京丸で日本に向かった。六月二九日午後、横浜港に着くと、児玉源太郎陸軍次官や家族が出迎えた。さらに安正を驚かせたのは、明治天皇から差し遣わされた侍従が「天皇陛下より賜る」といって、暖かいねぎらいの言葉とともに勲三等旭日重光章を授与したことだった。

七月七日には皇居で明治天皇より御陪食を賜った。乗馬を好まれる陛下は、安正が三頭の馬を東京まで連れ帰ったことを聞かれると、「それはよいことをした。安正はまことの騎兵将校である」と喜ばれた。明治天皇のご沙汰で、三頭の馬は上野動物園で余生を送ることとなった。

これより一一年後に日露戦争が始まった。安正は児玉源太郎総参謀長のもとで高級参謀

（情報担当）として情報収集や中村天風の項で説明したロシア軍兵站基地や司令部の襲撃や東清鉄道の鉄橋爆破などのようなロシア軍の後方・兵站に対する諸工作を続けた。日露戦争は薄氷を踏むような勝利だったが、安正の的確な情報分析が大きな力を発揮したことは論を待たないだろう。

広瀬武夫少佐――我が身をもって満洲の極寒を体験

満洲におけるロシア軍との戦いにおいて、日本軍のもうひとつの敵は「寒さと病気」だった。日本陸軍は満洲の極寒のなかでの戦いを想定し、事前研究を実施していた。

満洲の寒さは青森に比べ数段厳しかった。衣服や寝具などの兵站物資も、ロシアと違って酷寒地向けではない。さらに不衛生な地で腸チフスなどの部隊内流行や、栄養不足による脚気《かっけ》も蔓延する恐れがあった。

日露戦争で第二軍（司令官：奥保鞏《やすたか》大将）の軍医部長として戦地に赴いた文豪・森鷗外は、戦いで負傷した兵の手当てや病気治療の模様を野戦衛生長官あてに報告したが、その文書が鷗外全集のなかに収められている。

それによれば、奉天の南でロシア軍と対峙《たいじ》していた一九〇五（明治三八）年付の報告では、第二軍だけで新たに二六人が凍傷を負い、腸チフスは一九八人、脚気に至っては九五五人が新たに発症したとある。まさに満身創痍《まんしんそうい》の軍隊だった。

このような状況に鑑み、陸軍参謀本部・海軍軍令部は情報収集に努力した。

一九〇一（明治三四）年一〇月、弘前第八師団の第四旅団本部で、旅団長の友田少将と参謀長の中林大佐が青森歩兵第五連隊と弘前歩兵第三一連隊の連隊長以下を集めて会議を開いた。議題は八甲田の雪中行軍演習であった。日清戦争終了から六年を経て、ロシアの満洲への進出で日露関係が緊迫して、もはや大陸での日露開戦は不可避と見られていた。第八師団でも対露戦の準備に入っていた。そこで課題として参謀長が挙げたのは寒地装備と寒地訓練の不足であった。

敵は零下四〇度の雪原でも闘えるロシア陸軍であり、日本軍にはそのような経験がないので、極寒対策や雪中行軍の注意点及び装備品の研究を行うために厳冬期の八甲田山を行軍して調査・研究を実施しようという企画であった。加えて陸奥湾と津軽海峡がロシア軍により封鎖され、青森と八戸・弘前を結ぶ沿岸交通路がロシア海軍の艦砲射撃被害などで万一断たれた場合、内陸の八甲田山系がそれらを結ぶ唯一の経路となるが、当時は「積雪量の多い八甲田が冬期間物資輸送経路にできるか否か未知数」だったため、「八甲田が冬でも物資輸送経路として使えるか否かを試す」目的もあった。

このような、兵站輸送路の研究・検討までしていることから見て、この演習は当然、陸軍参謀本部の肝煎りであったことが窺《うかが》われる。

このような背景・経緯で行われた、一九〇二（明治三五）年一月の八甲田山における雪中行軍演習では、参加部隊の第八師団青森第五連隊の冬季行軍隊が記録的な寒波――北海道で史上最低気温が記録された――による吹雪に遭遇し、二一〇名中一九九名が死亡した（うち六名は救出後死亡）。

因みに、この事故のためかどうかはわからないが、日露戦争開戦後、第八師団は動員下令となるが戦地には派遣されず、大本営の戦略予備隊（第七・八師団）となった。大本営は第八師団を沿海州（ウラジオストックなど）攻撃用の兵力として控置していたが、当初の戦争計画になかった旅順要塞攻撃（海軍要望）で三個師団も取られ、全体戦局も芳しくないため、遂に第八師団を満洲軍の第二軍に、同じく樺太作戦用に控置していた旭川第七師団を第三軍（旅順）に送ることとなった。

日露戦争が迫るなか、海軍軍人でありながら、満洲の厳寒を身をもって体験・報告した人物がいる。それが広瀬武夫海軍少佐だ。

ロシア駐在武官だった広瀬少佐は、日露関係が険しくなった一九〇一（明治三四）年一〇月に帰国命令を受けた。さらに情報収集に関する命令も届いていたが、それは「シベリアを経由して途中でロシアの地方の状況や、（シベリア）鉄道輸送に関する事項を視察し、明治三四年度中に日本に到着せよ」という内容だった。

広瀬少佐はサンクトペテルブルグよりスレチェンスクまでの六〇〇〇㎞は鉄道を、スレチェンスクからハバロフスクまでは橇車《そり》を使って二二〇〇㎞移動しており、その間の様子を『悉比利及満洲旅行談』という講演録に残している。

それによれば、ブラゴヴェシチェンスクに到着するまで一度も宿に泊まらず、昼夜兼行、一昼夜平均五〇里以上を走ったという。なぜそんな強行軍をしたかといえば、宿に泊まれば、少なくとも二倍以上の日時と旅費がかかるからだ。そんな贅沢《ぜいたく》なことはとても実情において許されなかったので、大急ぎの旅だった。広瀬少佐は幸いにも頑健なのでこの超スピード旅行も平気で、一〇昼夜半橇車に乗り続け、橇のうえで座ったまま眠り、体を横にすることはなかったという。まさに超人的である。現地のロシア人にまで「そんなペースで旅行する人間は珍しい」と言われる始末であった。

肝心の、ロシアの極東における軍事作戦の兵站線となるシベリア鉄道については、「バイカル湖を列車が横断するときは普段は二隻の砕氷船（バイカル号とアンガラ号）を利用するが、厳冬期は砕氷船の能力を超えてしまい用をなさず、僅《わず》かに橇のみが交通手段になる」と報告している。

広瀬がバイカル湖にたどり着いた時期にはすでに橇車に切り替わっていた。この情報（報告）は、その時点ではロシアはシベリア鉄道をフルに活用して兵員移送・兵站ができないことを明らかにしている点で、大変重要である。

広瀬はスレチェンスクで橇車を購入し、これに乗り換えた。ほかにも、橇旅行の準備として厚手の衣類や食物なども買いそろえた。橇車は天井の付いていない普通の粗雑なもので、何度か修繕を要した。馬は二〜三頭立てで、一定距離ごとに駅で新しい馬に換えた。食事はパン、スープ、肉、茶、砂糖等を準備したが、強烈な寒気ですべてが凍ってしまった。スープは凍ったものを必要な分だけ鑿《のみ》で砕き、温めて飲んだ。肉も温める暇がなければ鰹節《かつおぶし》のように削り取って食べた。下痢《げり》に悩まされたが、寒いので尻が凍傷にならないように三分以内に排便を済ますという教訓を得た。

明石元二郎大佐――ロシアを撹乱するための謀略活動

日露戦争の最中、あろうことか、ロシアは国内が騒然としはじめた。一九〇五年一月九日、ロシア帝国の当時の首都サンクトペテルブルクで行われた労働者による皇宮への平和的な請願行進に対し、政府当局に動員された軍隊が発砲し、多数の死傷者を出した――「血の日曜日事件」。これが、ロシア第一革命のきっかけとなった。特定の指導者がいたわけではなく、原因や目的が入り組んだ複数の革命団体によって、反政府運動と暴動がロシア帝国全土に飛び火した。騒乱は全国ゼネスト、戦艦ポチョムキンの反乱（六月）などで最高潮に達したが、憲法制定や武力鎮圧で次第に沈静化し、ストルイピン首相の一九〇七年六月一九日のクーデター――第二国会（ドゥーマ）を解散したあとに選挙法を改正――で終息した。日本にとってこのロシア第一革命の発生は、戦争終結を図るうえで絶好のタイミングだった。

この反政府運動と暴動の陰には明石元二郎大将（当時の階級は大佐）の謀略工作があった。明石はロシア支配下にある国や地域（フィンランド、スウェーデン、ポーランドおよびバルト三国など）の反ロシア運動を支援し、またロシア国内の反政府勢力に資金や銃火器を渡し、デモやストライキ、サボタージュなどを煽った。また、鉄道破壊工作などまでも工作したが、失敗した。一方、デモ・ストライキ・サボタージュは先鋭化し、ロシア軍はその鎮圧のために一定の兵力を割かねばならず、極東へ派兵しにくい状況がつくられた。戦争においては、大東亜戦争で米軍がB－29による日本本土爆撃を実施したように、策源地（本国）に対する直接的な打撃（人・施設・交通など）が極めて有効である。明石がロシア国内で行ったデモやストライキなどの扇動も、形を変えたロシアの策源地に対する直接的な打撃であった。

明石の謀略活動が兵站面に及ぼした影響は、日本国内における「ゼネスト」を想起すればわかりやすい。国民大衆のサボタージュにより、鉄道などの輸送が止まり、工場の生産が止まり、電気が止まる。こうなると国を挙げて戦争を行ううえで、物資（兵站）と精神の両面で大きなダメージになるのは当然だろう。そのうえに、デモやストライキの抑止・鎮圧のために軍隊を拘置・使用することになるので、兵力運用上の足枷《あしかせ》ともなる。

明石の功績について、参謀次長長岡外史は、「明石の活躍は陸軍一〇個師団に相当する」と評し、ドイツ皇帝ヴィルヘルム二世も、「明石ひとりで、満洲の日本軍二〇万人に匹敵する戦果を上げている」と称えたといわれる。

日露戦争では日本軍は連戦連勝のように見えたが、一九〇五年の段階では持てる国力

（兵力も兵站も）をほぼ使い切って限界に近づいていた。それに対して、ロシアはあと二～三年は戦い続けられるだけの余力をもっていた。ロシアを講和条約交渉の座に引きずり出せたのは、日本海海戦における完全勝利と明石大佐の謀略活動があったからだろう。

以上、日露戦争のインテリジェンスに関わった五人の例について述べたが、共通しているのは「祖国のためには命を惜しまず、あらゆる艱難辛苦《かんなんしんく》を乗り越えて任務を達成しようとする固い決意とひたむきな情熱・志をもっていたこと」ではないか。そして陸軍参謀本部・海軍軍令部の期待に応えて見事に任務を達成している。

彼らは、のちの陸軍中野学校のようなところで特別な教育・訓練を受けたわけでもないが、自身の発想・工夫・努力で道を拓いた。このような成功の陰には、中村天風を助けた「ハルビンお春」のような歴史に名を留めない多くの草莽《そうもう》の人たちがいたのだ。

また、日露戦争当時の陸軍参謀本部や海軍軍令部中枢の高級軍人たちは、情報と兵站の重要性を深く理解・認識していた点も注目に値する。

本項の冒頭で述べたように、この戦争の本質は「兵站線が勝敗を決めたこと」であり、日本は「本国からの海上輸送（シーレーン経由）の安全を図ること」が、ロシアは「シベリア鉄道を貫通させ、兵站を維持すること」が勝利には不可欠の要件であった。

このような観点から、日露戦争のインテリジェンスに関わった五人が一定の貢献をしたのは疑いない事実であろう。

●●●朝鮮戦争

朝鮮半島の地政学――大陸国家と海洋国家の攻防の地

そもそも朝鮮半島は地政学的に見て、図23のように大陸国家（ロシアと中国）と海洋国家（日本と米国）の攻防の地である。朝鮮戦争の由来・原因を最も簡単に説明すれば、このような地政学――大陸国家と海洋国家の攻防の地――に尽きよう。

朝鮮半島はユーラシア大陸東端から約六〇〇㎞も太平洋に向かって南東方向に伸びている。このために、朝鮮半島は、ユーラシア大陸に出現する大陸国家にとっては、太平洋方向に進出する際の足がかりとなる地形であり、一方、太平洋に出現する海洋国家にとって

図23　朝鮮戦争と兵站

は、ユーラシア大陸東部に進出する際の足がかりとなる地形である。今日、ユーラシア大陸の東側を占める大国の中国と東欧から極東に広がる大国のロシア（世界に冠たるふたつの大陸国家）にとって、朝鮮半島は太平洋に向かって米国（世界一の海洋国家）と覇権を争ううえで重要な地形となる。

第二次世界大戦では太平洋というバッファー・ゾーン（緩衝地帯）に守られ、戦禍を免れた米国は、パクス・アメリカーナ（米国による平和）といわれる世界覇権国家の座を獲得した。一方のソ連は共産主義国家の盟主として米国に対抗できるまでに力をつけた。また、国共内戦を勝ち抜いた「中華人民共和国」も一九四九年一〇月一日に建国し、共産主義国家としていわばソ連の「弟分」の格好で、大国への道を歩み始めた。

米国・自由主義陣営とソ連・共産主義陣営の間で、戦後一旦確定した勢力圏を巡り覇権争いを展開することになるが、この鬩《せめ》ぎ合いが冷戦と呼ばれた。米ソ両国は一九九一年にソ連が崩壊するまで朝鮮半島、ベトナム、キューバ、東西ドイツなどで覇権争いを繰り広げることになる。

このように、米ソは地政学の理にしたがって、朝鮮半島をめぐり、相争うことになる。

朝鮮半島の地政学に根差す兵站

冒頭部分で、朝鮮半島の地政学について説明したが、この朝鮮半島の地政学は朝鮮戦争における兵站にも大きな影響を及ぼした。図23のように、米国は、本土（策源地）から約九〇〇〇㎞の太平洋を越えて兵員と夥《おびただ》しい量の軍需物資を朝鮮半島に投入した。

また、敗戦で荒廃状態だった同じ海洋国家である日本はいわば米国の第三の策源地として基地機能と兵站面で米国を支えた。

一方の北朝鮮に対してはロシアと中国の兵站支援が行われた。以下これらについて具体的に説明したい。

開戦当初の米軍・韓国軍の兵站

開戦直後から韓国は、米国に武器弾薬を送るように催促した。これを受けたトルーマン政権は、一九五〇年六月二七日、マッカーサーに対して、日本の米軍基地に備蓄されている軍需品のうち当面米軍に必要なものを除き、すべて韓国に送るように命じた。これは当然の措置で、ハワイや米国本土からの兵站支援が実現するまでには時間がかかるからだ。

この命令を受けたＧＨＱ（連合国軍最高司令官総司令部）は、隷下組織の日本商船管理局が総トン数一〇〇ｔ以上の日本船舶を管理し、引揚者の輸送などを行わせていたことに目を付け、その任務を軍需品の輸送活動に切り替えさせた。

ＧＨＱの日本商船管理局による船舶管理は、日本政府のなかに置かれた商船管理委員会を通じて行われていたが、この委員会はそもそも一九四二（昭和一七）年の戦時海運管理令によって設置されたもので、当初から軍事輸送の管理・統制という役割を担っていた。動員された船舶数は、開戦後数ヶ月の間に六九隻、約四万ｔにのぼり、沈滞していた日本の海運業を甦《よみがえ》らせた。

この時期に商船管理委員会の理事長を務めた有吉義弥氏は著書『占領下の日本海運』

（国際海運新聞社刊）のなかで、〈この時期の船隊の大部分が戦車などの陸揚げに使われるＬＳＴ（揚陸艦）であり、大型の軍需機材や朝鮮半島の僻地海辺の揚陸に理想的であり、さらに日本人の乗組員が朝鮮沿岸の隅々まで精通していて、米国からはるばるやって来た米国船員よりもずっと役に立った。〉と記している。

これらの船舶の運航は、極秘行動であったので、出港後は一切の無線交信が禁止され、船内では厳しい灯火管制が敷かれていたといわれる。これらの船舶は、交戦地域を運行したわけであり、日本船舶協会は米軍に、人命・船舶の安全の保障と危険手当の支給を約束させた。この結果、船主協会は定期傭船《ようせん》に応じ、輸送能力をフル稼働させて米軍の兵站輸送に邁進《まいしん》したのである。

米国本土から朝鮮半島に対する兵站支援――太平洋を越えた海上輸送

「カギその一」から「カギその六」を使って朝鮮戦争における米国の兵站の特徴について読み解けば、次のようにいえよう。

米国は世界最大の〝心臓〟（＝財政力、軍需物資を生み出す工業技術力・生産力、資源など）を持っている。トルーマン大統領は、第二次世界大戦後減らしていた国防予算を急増させた。すなわち、朝鮮戦争開戦の一九五〇年の国防予算は一三〇億ドルだったが、翌一九五一年は二二四億ドル、一九五二年は四四〇億ドル、一九五三年は五〇四億ドルと、僅か四年間で四倍近くに急増した。この国防予算急増措置は、朝鮮戦争だけのためではなく、対ソ政策を「封じ込め政策」に転換したことに伴う軍備増強のためでもあった。

米国はさらに、大動脈に相当する太平洋を横断する約九〇〇〇kmの長大な兵站線（シーレーン）を維持しなければならない。国連軍、とくに米軍は地上戦を支えるため燃料・弾薬からアイスクリームに至るまで、膨大な兵站物資を約九〇〇〇km離れたサンフランシスコや約七〇〇〇km離れたハワイなどから運ばなければならなかった。言うまでもないが、米国は圧倒的な海・空軍力を持っており海上の兵站線を防護するうえで十分な制海・制空権を保持していた。

開戦当初は、輸送力そのものが脆弱であり、軍事海上輸送隊の輸送艦船二五隻が輸送力のすべてであった。その後、一九五〇年七月一〇日までに七〇隻に増勢されたが、そのうちの五二隻にGHQの日本船舶管理局所属の五一隻を加えた合計一〇三隻が、日本と朝鮮間の輸送に利用できる海上輸送力であった。

しかし、一九五一年後半には、一ヶ月当たり一〇〇万tを超える軍需物資が太平洋を越えて国連軍に補給されるまでになった。これは、第二次世界大戦中に太平洋を横断した輸送量に匹敵する規模であった。さらに一九五二年前半には一ヶ月に付き一四〇万ｔに達した。

海上輸送と航空輸送の比率は、一九五二年の時点で三六五対一で、ほとんどすべての物資が海上輸送された。最終的には、五四〇〇万ｔの貨物と二二〇〇万ｔの燃料が海上輸送され、国連軍の作戦を支えた。

日本を第三策源地とする兵站支援——朝鮮特需

朝鮮戦争では、地政学的な理由と敗戦後マッカーサー連合軍総司令官隷下の占領軍（実質的には米軍）がいたことから、開戦当初から在日米軍（陸軍は第一・二四・二五歩兵師団、第一騎兵師団、空軍は第五・二〇空軍、海軍は第七艦隊など）が戦闘に投入された。

また、兵站面においても日本は米国本土（第一策源地）とハワイ（第二策源地）と並んで、第三策源地としてフルに活用された。敗戦後、焦土と化した日本ではあったが、朝鮮戦争の兵站面の支援を通じて経済・産業の復興は目覚ましいものがあった。これを「朝鮮特需」と呼んだ。

「朝鮮特需」は朝鮮戦争に対する兵站支援とは密接不離の関係にあるので、ここでその概要について説明する。

「朝鮮特需」は、開戦後二ヶ月で一億ドルを超した。一九五〇（昭和二五）年当時の一ドルは現代でいうと、一〇・七七ドルに値し、一億ドルは時価換算で約一一五四億円になる。なお、一九四九（昭和二四）年の輸出総額が五億ドルであることを考えれば二ヶ月で一億ドルは相当な額である。自動車をはじめ各産業の滞貨は一掃され、世界的な軍備拡張のなかで輸出産業が爆発的に伸びた。前年度約四億ドルであった貿易赤字が、昭和二五年度には一億五〇〇〇万ドルに縮小された。

実質的に六年間続いた「朝鮮特需」の年平均契約高は二億七〇〇〇万ドルで、悪化していた国際収支は一気に好転した。米軍からの発注物資は、綿布、毛布、麻袋などの繊維関係と、トラック、鋼材、有刺鉄線、鉄柱、ドラム缶などの重工業製品であった。いわゆる「糸へん」「金へん」ブームである。サービス需要は車両・機械の修理、建物や基地の建設整備、輸送・通信であった。そのなかでもとくに沖縄米軍基地建設は軍需産業復活を決定づけた。

また、日本に一時滞在する米兵が個人的に消費するドルも大きかった。帰休制度の始まった一九五一（昭和二六）年は、個人消費が二億二八〇〇万ドルにも達した。北海道の千歳基地では、米兵相手の女性が一九五一年に二七〇人だったのが、翌年には二五〇〇人に急増したという。これに加え、キャバレーやバーなども活況を呈し「パンパン経済」という言葉が生まれたほどであった。

こうした思わぬ特需によって、日本の産業構造は大きく転換し、重化学工業へと移行していく。その典型がトヨタである。トヨタ自動車工業（現トヨタ自動車）は、一九五〇年の春は破産寸前だった。ドッジ・ライン――一九四九年、GHQ最高財政顧問、米国のドッジによって立案された財政金融引き締め政策（超均衡予算の実施）。戦後日本経済の安定と自立を目標としたもの――による不況で自動車は売れず、給与の遅配、欠配が続き、瀕死《ひんし》の状態だったのだ。

そこへ朝鮮戦争が勃発した。トラックの大量発注が舞い込み、トヨタ自動車工業は奇跡的に再建を遂げたのである。小松製作所も役務特需作業――米軍の武器・装備の修理・調整・設定・点検・清掃など――を通じ、大いに技術を磨くチャンスをものにした。

注目すべきは、このように日本の産業が復活することによって米軍（連合軍）が期待する兵站需要を完璧に満たすことができたということだろう。もしも、日本が後進国であったなら、米軍は日本を第三策源地として万全の兵站支援を期待することができず、苦しい戦闘を余儀なくされていたことだろう。あるいは、中国人民志願軍・北朝鮮人民軍から撃破され、朝鮮半島から撤退せざるを得なかったかもしれない。もしそうなっていれば、今日の韓国は存在しなかったはずだ。

日本が「朝鮮特需」のチャンスをものにできたのは、「人材」があったからだろう。米軍のB－29の爆撃で工場などのインフラは破壊・焼失したものの、勤勉・積極的で技術力と知恵に富む「人材」は数多く生き残っていた。だからこそ日本の産業は急速に甦《よみがえ》ることができたのだろう。

余談だが今日、新型コロナ・ウイルス禍に苦しむ日本であるが、希望を失わず前向きな「人材」さえいれば日本経済はV字復活を遂げることができると信じている。

日本における米軍兵器・軍需品の生産など

日本は、GHQにより兵器・軍需品の生産を禁止されていたが、朝鮮戦争の勃発により解除された。戦争勃発から二ヶ月後の八月からであった。日本の弱体化を図る方針のGHQとしても止むを得ざる措置である。当初に発注されたのは、燃料タンク、ナパーム弾用タンク、羽付弾、落下傘付き照明弾、ロケット弾方向装置、鉄帽、爆薬など比較的簡単なものだった。さらに有刺鉄線、鋼柱、野戦食糧、トラック、ジープ用帆布、自動車修理などが加わり、一九五〇年度の契約高は三二九万ドルに上った。

米軍は、一九五二（昭和二七）年からは完成兵器の発注を開始し、四・二インチ迫撃砲五二八門、八一ミリ迫撃砲弾六三万発、四・二インチ迫撃砲弾三六万発、八一ミリ迫撃砲用照明弾二万二〇〇〇発、発煙筒七万発などが発注された。また、昭和二八年度には、各種榴弾・迫撃砲弾に加え、三・五インチロケット弾、バズーカ砲、銃剣、対戦車地雷、五七ミリ無反動砲、七五ミリ無反動砲などが追加された。

こうした完成品のほか、石炭、木材、セメント、組み立て家屋も陣地戦用に買い付けられ、役務――米軍の武器・装備の修理・調整・設定・点検・清掃など――では車両修理が首位を占めた。

米軍は、製品の品質管理や検査方式について高度な水準を要求したため、元受け会社だけでなく、関連会社、下請け会社に至るまで、他の分野の日本企業に先駆けて米国式ＱＣ（クオリティ・コントロール：品質管理）が導入されることになった。

米軍部隊は、機械化が進んでいたため、朝鮮戦争が拡大・長期化するにつれ、大量の自動車・土木建設資材の製造・修理の需要が発生した。これらは、富士自動車（ジープ、クレーントラクター）、ビクターオート（大型トラクター、レッカー、水陸両用車など）、ブリヂストンタイヤ（タイヤ、チューブ）、三菱日本重工東京製作所・川崎製作所（各種大型車両とエンジン）、昭和飛行機（空軍用各種車両）、相模工業（クレートラクター、グレーダー、ブルドーザー）、小松製作所（トレーラー）など一〇社、一二工場が受注し、米軍の緊急な需要に応じた。

航空機部門への兵站支援

圧倒的な制空権の下、空爆は朝鮮戦争における米軍の「切り札」だった。板付《いたづけ》（福岡県）、芦屋《あしや》（福岡県）、築城《ついき》（福岡県）および岩国（山口県）などの米軍基地から米海空・海兵隊の戦闘・爆撃機がトータル約一三〇万回（空軍約七二万回、海軍約四七万回、海兵隊航空部隊約一一万回）出撃し、約七〇万t（空軍四八万t、海軍と海兵隊約二二万t）を投下した。これは、広島型原爆（TNT火薬一・三万t相当）の約五四発分に相当する莫大な量である。これにより、米軍の陸上作戦の支援、制空権の維持が可能となり、さらに中国人民志願軍・朝鮮人民軍の軍需工場・鉄道・ダム・輸送道路、橋梁などの破壊により、朝鮮戦争の帰趨《きすう》に大きな力を発揮した。

これらの航空作戦を兵站面で支援したのが日本の航空機生産部門であった。GHQにより解体された航空機生産部門が「朝鮮特需」を契機に復活し、朝鮮戦争を支える兵站支援の一環として大きな役割を果たした。

米軍は空爆の大規模化とともに、ナパーム弾・落下燃料用タンクを新明和工業、富士工業、新三菱重工、川崎機械などに発注したが、これに応じるために、各社はアルミ合金材料の製造加工技術を確立した。

講和条約発効後の一九五二年七月、セスナ機の分解・修理が昭和飛行機に発注され、翌一九五三年一月にはF-51戦闘機の修理が川崎航空機に、同年六月にはB-26、C-46双発機の修理が新三菱重工に、空母艦載機の修理が日本飛行機に発注された。

そのほか、エンジンのオーバーホール、計器・補助機械・通信機などの修理契約が数多く結ばれた。

また、翌一九五四（昭和二九）年にかけて、ソ連製のミグ15に対抗して投入されたF-86ジェット戦闘機およびT-33ジェット練習機の機体やエンジンの分解修理契約が、米軍と新三菱重工、川崎航空機の間で交わされた。

こうした日本の工業力の事実上の動員なしには、米軍・国連軍の長期にわたる空爆作戦や物資・兵員の輸送などの兵站活動は継続できなかったのは間違いない。日本が第三の策源地と考えられる所以《ゆえん》である。

傷病兵の治療など

人的な戦力を維持するうえで、傷病兵の治療は極めて重要な兵站支援の一部門である。朝鮮戦争当時、連合軍の病院となっていたのは、東京の大東亜病院、京都の日赤病院、呉と佐世保の旧海軍病院など全国で一四ヶ所あった。このうち、呉の旧海軍病院は英軍の総合病院となっていた。

また、朝鮮戦争の激化に伴い、福岡県志賀村には、旧陸軍病院を復旧する形で第一四一国連軍兵站病院が作られた。

これらほとんどの施設では、母国の医師と看護師を呼び寄せ、傷病兵の治療に当たっていたが、第一四一国連軍兵站病院には九州の七県の日赤支部から看護師が派遣されていた。この派遣は一九五〇年一二月から開始された模様で、第一次五四人、第二次二五人、第三次一七人の看護師が交代で派遣されたという。しかしこのことは公にはされず、動員された看護師に対しては、口外禁止の厳しい通達が出されていたといわれる。

中国人民志願軍・北朝鮮人民軍の兵站施設・後方連絡線などに対する戦略爆撃など

日本と朝鮮半島の地政学的な位置関係は二一〇頁の図23の通りである。朝鮮半島は、中ソと陸接する北西方向の国境正面を除き、三面が日本海、対馬海峡及び黄海に囲まれている。加えて、日本列島と朝鮮半島の位置関係は、図のように、日本列島が朝鮮半島を扇形に包み込むような形になっている。したがって、朝鮮半島は、海軍・空軍・海兵隊が戦力を発揮しやすい地勢となっている。圧倒的に優勢な米海・空軍は、制海・空権確保のもと、在日米軍基地（飛行場）と空母を含む艦船をプラットホームとして、艦砲、戦闘機、爆撃機などにより、朝鮮半島内のターゲットを効果的に打撃できた。

このことは、敵部隊のみならず敵の兵站（軍需施設・補給品・兵站線など）に対しても絶大なダメージを与えた。以下その具体例について説明する。

米軍機が飛び立った在日米軍基地

米国政府は当初、在日米軍基地から直接朝鮮半島に対する航空作戦（空爆や対地攻撃、近接航空支援など）を行えば、ソ連も同様に自国の基地から日本・朝鮮半島に対する航空作戦を行うなど、戦争に介入する恐れがあるとして、慎重な姿勢だった。しかし、それが杞憂《きゆう》であり、ソ連・中国・北朝鮮も戦線を朝鮮半島内に限定する意向が明らかになってくると、在日米軍基地をフルに活用し、朝鮮半島への航空作戦・空輸活動（兵站支援）などを大々的に実施するようになった。

朝鮮半島に対する航空作戦・空輸活動などの基地となったのは千歳（北海道）、三沢（青森県）、松島（宮城県）、入間（埼玉県）、横田（東京都）、立川（東京都）、小牧（愛知県）、伊丹（兵庫県）、美保（鳥取県）、岩国（山口県）、防府（山口県）、雁ノ巣（福岡県）、芦屋（福岡県）、板付（福岡県）、築城（福岡県）、沖縄の一六ヶ所であった。

このなかで最大規模の発進基地は沖縄の嘉手納《かでな》基地であり、ここからは連日のようにB－29爆撃機が朝鮮半島に向かって飛び立って行った。また、本土の基地で最大の航空作戦基地となったのは立川基地であった。立川基地はもともと旧陸軍航空隊の飛行場であったが、占領中にB－29などの大型爆撃機や物資・兵員を満載した大型輸送機が離発着できる全天候型の基地に改造されていた。この基地は、横田、調布（東京都）、入間、多摩弾薬庫（東京都）、相模補給廠（神奈川県）と連動しており、ここから空爆に向かう爆撃機や軍需品補給のための大型輸送機が離発着を繰り返した。多摩弾薬庫と相模補給廠からはトラックで爆弾が立川基地に運ばれた。また、都内の生産工場で作られたナパーム弾も同様に立川基地に集められた。これらは、爆撃機に搭載され朝鮮半島に向かった。

ストラングル（絞め殺し）作戦――休戦協定促進のため北朝鮮への空爆

国連・韓国軍と中国人民志願軍・北朝鮮人民軍の戦いは開戦後一年足らずの間に、その戦線は三八度線から始まって南は釜山橋頭堡、北は鴨緑江岸と、朝鮮半島をまるでローラーにかけるように戦った。一九五一年の中国人民志願軍正月攻勢で国連軍は三七度線付近まで後退したが、国連軍再反攻の結果、同年四月末には三八度線まで押し返した。ここで戦線は膠着状態になり、陣地戦へと移行する形勢となった。朝鮮戦争は結局ほぼ振り出しに戻ったわけである。

一九五一年六月二三日にソ連のヤコフ・マリク国連大使が休戦協定の締結を提案したことによって停戦が模索され、同年七月一〇日から開城《ケソン》において休戦会談が断続的に繰り返されたが、双方が少しでも有利な条件での停戦を要求するため交渉は難航した。

さて、ここで触れるストラングル作戦とは、国連軍が中国・北朝鮮側に休戦を促し、交渉を有利に運ぶために航空戦力を最大限に発揮して策源地である北朝鮮に大打撃を与えるために行った約一〇ヶ月にわたる航空作戦である。

一九五一年七月三〇日、第五空軍はF－80戦闘機九一機で平壌の対空火砲を制圧し、三五四機の戦闘爆撃機で平壌《ピョンヤン》、鎮南浦《チンナンポ》、江界《カンゲ》、元山《ウォンサン》、羅津《ラジン》の軍事目標を攻撃した。羅津は中国・ソ連に対する国境侵犯になるのを恐れて爆撃禁止地区に指定されていた。しかしながら、航空偵察の結果、市内には極めて多くの物資が集積されており、停車場、鉄道資材、車両などが重要な攻撃目標となった。羅津港はソ連からの補給受け入れ港として活況を呈し、大規模な貯油施設があった。幹線道路の中心地でソ連からの軍需物資はここから送り出されていた。羅津は紛れもない兵站基地だったのだ。

一九五一年八月二五日、B－29爆撃機三五機が羅津を攻撃した。三〇〇t以上を投弾し、九七％が目標に命中したが、ワシントンはこれら兵站目標に対する爆撃を許可したものの、休戦協定が決裂するような過度の爆撃に至らないよう配慮した。

この時点で、平壌と軍隅里《クヌリ》にある僅かな軍需工場を除き、北朝鮮の主要工場は潰滅していたので、中国人民志願軍・北朝鮮人民軍はシベリア鉄道経由でソ連から兵站物資を補給してもらわなければならなかった。

当時、中国人民志願軍・北朝鮮人民軍は平壌南方五五kmにある沙里院《サリウォン》東西の線以南に六〇個師団を配置していた。戦闘継続のためには各師団は一日四〇tの物資の補給が必要であり、全体で毎日二四〇〇tの物資が必要であったと考えられる。

中国人民志願軍・北朝鮮人民軍は、戦線後方からの長距離輸送をトラックと鉄道に依存しており、そのため一日当たりソ連製の二t積みトラック一二〇〇両が必要であった。安東《アンドン》——中朝国境の鴨緑江に臨む都市で、中国人民志願軍の兵站基地となった。一九六五年、丹東市に改称された——から前線までの往復日数を五日とすると、中国人民志願軍・北朝鮮人民軍は安東から沙里院南方の戦場まで日々の補給のために計六〇〇〇両ものトラックが必要であった。

しかし、鉄道貨車を用いれば一両当たり二〇t積めるので、一二〇両で補給量を賄うことができた。また中国人民志願軍・北朝鮮人民軍は、ガソリンを中国・ソ連から輸入する必要があったことからも鉄道輸送が重要であった。

米第五空軍は、自隊のみで鉄道網を完全に破壊するのに六〜八ヶ月必要であると見積もっていた。しかしながら、期間を三ヶ月間に短縮させる必要があったため、東海岸の鉄道の遮断などに海軍の艦砲射撃などの協力を要請し、空軍は主要な鉄道線とすべての橋梁に対する攻撃に集中することにした。このような経緯で、ストラングル作戦の主目標は鉄道(橋梁・トンネルを含む)と列車となった。

ストラングル作戦による攻撃を受け、中国人民志願軍・北朝鮮人民軍は、トラック輸送への依存度が増加した。これに対応した米空軍のさらなる攻撃により、トラックの損害は一ヶ月約七五〇〇両に達した。これはソ連・中国で一ヶ月間に生産されるトラックの四分の一に相当するものだった。

一九五一年一月に開始された北朝鮮鉄道網に対する作戦は、やがて顕著な成果を見せた。一〇月初旬から始まった国連軍の秋季攻勢では、中国人民志願軍・北朝鮮人民軍の弾薬不足を窺わせる状況が随所に出て、夏季攻勢よりも進捗したのだ。

中国人民志願軍・北朝鮮人民軍にとって、鉄道システムを破壊されることは兵站線を失うことになるので、全力で修理に当たった。そのため、国連軍の鉄道の破壊と中国人民志願軍・北朝鮮人民軍の修理が競争の様相を呈するようになった。国連軍が鉄道を破壊しても中国人民志願軍・北朝鮮人民軍は驚くような速さで修理した。また、昼間は橋桁を外して破壊されたように偽装し、夜間に橋桁をかけて鉄道を運行するという奇策も行った。

これに対して、国連軍は攻撃目標を拡大して、給水・給炭施設、信号所、操車場、駅、修理工場など、ありとあらゆる鉄道システムを攻撃した。さすがにその影響は大きく、中国人民志願軍・北朝鮮人民軍は修理のための人力が足りなくなり、輸送力が激減した。

約一〇ヶ月にわたるストラングル作戦で、米軍は八万七五二二機が出撃し、一万九〇〇〇ヶ所の鉄道の切断、四万三二一一両のトラックの破壊、三八二〇両の鉄道貨車の破壊という壮大な戦果を挙げた。

しかし、こうした国連空軍などの努力にもかかわらず、一九五二年春になっても北朝鮮・中国は板門店《パンムンジョム》における休戦交渉で歩み寄る気配を見せなかった。

その原因は、ストラングル作戦による鉄道遮断だけでは中国人民志願軍・北朝鮮人民軍の兵站補給を完全に止めることはできなかったからだ。中国人民志願軍・北朝鮮人民軍側は、高射砲で鉄道を援護するとともに、連合軍の空爆がある際は、トンネル内に列車を退避させて土嚢で入り口を遮蔽した。また、人海戦術によって破壊個所の応急復旧を行うなどして列車による補給を継続した。さらに、のちのベトナム戦争で行われた人力搬送による兵站補給も含め、ありとあらゆる努力を惜しまず兵站補給を継続していたのだ。

とはいえ、米陸軍第八軍のヴァンフリート司令官が「絞め殺し作戦＝ストラングル作戦が行われなかったならば、敵は数倍の砲弾・迫撃砲弾を我々の頭上に送り得たに違いない。空爆は敵の戦闘能力を減殺した主要な要素となった」と述べている通り、地上戦闘に大きく寄与したのは事実である。

発電施設の九〇％を破壊

国連軍は、ストラングル作戦の一環として、北朝鮮の重要兵站インフラである水力発電所に対しても空爆を実施した。一九五二年六月二三日、鴨緑江の水豊《スプン》ダムに対して、第五空軍のF－86戦闘機八四機に援護された海軍のF－9F戦闘機三五機、空軍のF－84戦闘機七九機、F－80戦闘機四五機の航空攻撃により、発電所を破壊した。

水豊発電所は、日本が満洲・朝鮮への電力供給のために建設したもので、発電能力は当時世界四位の規模で四〇万kwと見積もられていた。

同年七月には、長津《チャンジン》ダムと赴戦《プチョン》ダムの電源施設を破壊した。これらの攻撃により北朝鮮の電力は一〇％以下に低下し、中国北部の工業生産にも重大な影響を与えた。

さらに同年九月にも、B－29が水豊発電所に三〇〇tの爆弾を投下し、再び発電所を使用不能にした。この結果、発電施設の九〇%が破壊され、一三ヶ所の工場のうち、一一ヶ所が電力の途絶により完全に使用不能となった。これら工場における軍需製品の生産が失われることは、北朝鮮人民軍と中国人民志願軍の兵站にとっては大きな痛手となる。

ダム破壊による洪水作戦

一九五三年二月には、中国人民志願軍・北朝鮮人民軍に休戦交渉の譲歩を迫るために、灌漑《かんがい》ダムを航空攻撃により破壊した。ダムを破壊すれば一瞬にして巨大な奔流が下流の兵站施設などを破壊するのみならず、春以降の水稲などの農作物の栽培に大きなダメージを与えるからである。

同様のダム攻撃は同年五月にも行われ、徳山《トクサン》ダムおよび慈山《チャサン》ダムを決壊させた。徳山ダムの決壊は一一㎞にわたる鉄道とその橋梁を流失させた。さらに順安《スナン》飛行場を水浸しにし、補給用倉庫六ヶ所と八個高射砲中隊を水没させ、その効果の大きさに国連軍自身が驚いた。慈山ダムの破壊でも同様の効果があり、とくに鉄道に大きな被害をもたらし、鉄道輸送は数週間にわたり途絶した。

国連軍の空軍がさらにダム攻撃を続行したため、中国人民志願軍・北朝鮮人民軍は非難声明を出したが（当時の国際法ではダムへの爆撃は戦争犯罪だった）、これはダムに対する爆撃の効果が甚大であったことを裏付けるものであった。ダムの復旧には、二〇万人の労働力を必要とした。ダムの破壊は他のいかなる爆撃よりも有効だったのだ。

総合評価

国連軍による戦略爆撃――戦場から離れた敵国領土や占領地を攻撃する場合が多く、工場や港、油田などの施設を破壊する「精密爆撃」と、住宅地や商業地を破壊して敵国民の士気を喪失させる「都市爆撃（無差別爆撃）」とに分けられる爆撃のこと。戦場で敵の戦闘部隊を叩いて直接戦局を有利にすることを目的とする「戦術爆撃」とは区分される――は種々の理由から制限されていたので、中国人民志願軍・北朝鮮人民軍の地上軍は中国東北部の後方兵站基地から安全に補給を行うことができた。一方、連合軍の地上軍は、入り組んだ地形の朝鮮国内において敵の補給を遮断するのは困難だった。

それを補ったのが空軍と海軍・海兵隊の航空戦力であった。これら三空軍戦力にとっては、中国人民志願軍・北朝鮮人民軍が前線に向かって兵站物資を輸送している途上を攻撃するのは容易であった。中国人民志願軍・北朝鮮人民軍の兵站に対するダメージは第一線戦闘部隊の戦闘能力を減殺した。このように、国連軍の地上部隊と航空機部隊の共同作戦は中国人民志願軍・北朝鮮人民軍との戦いに極めて有効であった。

国連軍の空軍と海軍・海兵隊の航空戦力が一九五一年七月から約一〇ヶ月間行った鉄道遮断作戦は、北朝鮮の鉄道網に大損害を与えたので、兵站物資が行き渡らなくなった。そのために中国人民志願軍と北朝鮮人民軍は攻勢に出ることができなかった。もしもそれがなければ、現在の南北朝鮮の境界線は南下するか、国連軍は朝鮮半島から撃退されていたかもしれない。

このように兵站というものは、戦力を維持するうえで極めて重要なものなのである。

艦砲射撃による後方連絡線の遮断

朝鮮半島は海に囲まれているため、連合軍の海軍艦艇は艦砲射撃により、東海岸の鉄道の破壊など補給戦の遮断、港湾の砲撃、重要目標破壊、水陸両用戦支援を行った。これは韓国第一軍団（東海岸沿いの防御を担当）への支援にもなった。

朝鮮半島の東部は太白《テベク》山脈が海岸沿いに縦走し、海に迫っている。したがって、朝鮮半島東海岸における中国人民志願軍・北朝鮮人民軍の兵站線（補給線）は、海岸沿いの狭い地域に限定される。国連軍はこれに目を付け、海軍に命じて艦砲射撃を実施させた。

最初は、開戦直後の一九五〇年六月二九日から実施された米巡洋艦「ジュノー」および英巡洋艦「ベルファスト」を中心とする艦艇部隊による八九回に及ぶ北朝鮮の軍事施設に対する艦砲射撃であった。この艦砲射撃によって北朝鮮人民軍の集結・移動や兵站支援は阻害され、国連軍が籠っていた釜山橋頭保への圧力は軽減された。

二回目は、一九五二年に承認され、実施された「パッケージ作戦」および「ディレール作戦」である。「パッケージ作戦」は城津《ソンチン》・興南《フンナム》間（北朝鮮の日本海沿岸）の鉄道と橋梁を空母艦載機と共同して艦砲射撃を行い、遮断しようとするもの。「ディレール作戦」は清津《チョンジン》・興南間の鉄道に対して、艦砲射撃を行うものであった。

同年七月には、第九五任務部隊に列車そのものへの攻撃を企図した「トレイン・バスターズ・クラブ」が編成され、艦砲射撃により二八回、列車を破壊した。

このような北朝鮮軍の輸送路遮断を目的とした艦砲射撃は休戦に至るまで継続されたが、陸上部隊に対する支援、水陸両用作戦支援の戦果の評価とは異なり、その成果があまり明確には判定できなかった。加えて、中国人民志願軍・北朝鮮人民軍への補給は休戦まで維持されたことから、補給路遮断のための艦砲射撃は必ずしも評価されたわけではないようだ。

のちに、韓国軍の参謀総長になった白善燁《ペク・ソニョプ》第一軍団長は「東海岸では米海軍の圧倒的な火力支援が得られた。……艦砲の威力は凄まじい。……この艦砲支援で敵は軍団の戦闘区域の東半分には入れない……」と地上軍に対する艦砲射撃の効果については評価しているが、敵の後方連絡線や兵站支援に対する攻撃の効果についてはコメントしていない。

中国人民志願軍に包囲された米海兵隊第一師団に対する空中投下による補給

国連軍は、マッカーサーの仁川上陸作戦（次項で詳述する）の成功により、敗退した北朝鮮を追撃する形で中朝国境まで進撃した。しかし、一九五〇年一〇月一九日に中国人民志願軍が参戦し、奇襲された国連軍は甚大な被害を受け、総退却を余儀なくされた。

このとき、米海兵隊第一師団は北朝鮮の長津湖方面で作戦展開中だった。米海兵隊第一師団は同年一一月二七日、中国人民志願軍と交戦した。その後、積雪・極寒のなかを中国軍一二個師団の追撃・重囲（二重・三重に包囲されること）を突破して、零下三〇度を超す極寒と飢えに悩まされながら一二五㎞の隘路《あいろ》を撤退し、同年一二月一一日、興南港に到着した。この退却で、米海兵隊第一師団は七〇〇〇名（師団兵員の約半分）の死傷者を出した。朝鮮戦争史上、仁川上陸作戦と並ぶ激戦となった。

兵站に関していえば、この撤退作戦における補給は、米空軍によるパラシュート投下で実施された。このような困難な激戦のなかでは、兵站こそが大きな戦力である。日本のインパール作戦やガダルカナル島の戦いなどと比べると、米軍の兵站重視の姿勢は明確に見て取れる。

仁川上陸作戦の目的は北朝鮮の兵站線の切断――金日成の致命的な油断

仁川上陸作戦は、朝鮮戦争中の一九五〇年九月一五日に国連軍が韓国のソウル西方二〇km付近の仁川へ上陸し、北朝鮮からソウルを奪還した一連の作戦・戦闘である。これはマッカーサー個人により発案された投機性の高い大規模な作戦（クロマイト作戦）を、マッカーサー個人の信念によって実行に移し、戦況を一変させたものだ。

一九五〇年六月二五日の朝鮮戦争勃発以来、朝鮮人民軍（北朝鮮軍）は南進を続け、韓国軍、米軍は後退を余儀なくされていた。七月三一日に米第八軍は防御正面を縮小するために西南部戦線の放棄を決定、朝鮮半島東南端の釜山周辺のいわゆる釜山橋頭堡（洛東江《ナクトンガン》防衛戦線）に追いつめられていた。

クロマイト作戦は、ソウル近郊の仁川に奇襲上陸することで北朝鮮軍の補給路（兵站線）を断ち、これに連携して釜山を守っている第八軍を北へ向けて進撃させ南北より北朝鮮軍部隊を挟撃する作戦であった。この作戦をスレッジハンマー作戦とも呼ぶが、その意味は、仁川上陸作戦（クロマイト作戦）で確立した阻止線（北朝鮮軍の背後）を「スレッジ（金床）」として、釜山橋頭堡から突破・反撃に転じた連合軍が「ハンマー」の役割を演じて、逃げる（北上する）朝鮮人民軍を挟撃するというものだ。

この上陸作戦は見事に成功し、計画通り国連軍は仁川を確保し、続いてソウルを北朝鮮軍から奪回することに成功した。朝鮮半島南部への大攻勢で疲弊していた北朝鮮軍は補給路（兵站線）を絶たれ、同年九月二三日には全部隊に北緯三八度線以北への後退を命令した。戦場離脱に失敗した北朝鮮軍は部隊行動に著しい混乱が起こり、それまで守勢であった国連軍が攻勢に転じることになった。この作戦は朝鮮戦争前期における重大な転換点となり、マッカーサーの名を高めた。

この作戦に関して、北朝鮮・金日成に目を向ければこういえるのではないか。

金日成は初期の奇襲作戦が成功し、「あとひと押しで祖国統一ができる」と、釜山橋頭保の攻略に最後の力を振り絞っていたのだろう。しかし、すでに国連軍が参戦し、同軍による仁川港に対する偵察や上陸作戦準備も進められていたわけだから、これに対する措置を講じるべきであったろう。

先に述べたように朝鮮半島では、海空戦力（海兵隊を含む）をフルに使えることを思えば、金日成としては致命的な油断であったろう。

中国人民志願軍の兵站

「兵站を読み解くカギ」の「カギその一：兵站を心臓・血管・血液・細胞などの譬《たと》えで説明する」方法にならえば、「中国軍」ではなく「中国人民志願軍」として参戦させた中国の〝心臓〟は米国に比べ貧弱だった。一九五〇年当時、建国直後の中国は中国国民党との国共内戦――第一次国共合作が破綻して生じた第一次国共内戦（一九二七～一九三七）と、日中戦争期の第二次国共合作を経て、日本軍撤退後に再発した第二次国共内戦（一九四六～一九四九）がある――によりへとへとに疲弊していた。そのため、米国のような工業生産力や巨大な財政力――巨大な〝心臓〟――はなく、その巨大な国土に比べれば〝心臓〟は貧弱だった。

中国は、人間（人命）を消費する人海戦術を得意としたが、兵站支援はぎりぎりの状態だった。その様子について、デイヴィッド・ハルバースタムは『ザ・コールデスト・ウインター　朝鮮戦争』（山田耕介他訳　文春文庫）で次のように述べ、中国人民志願軍の兵站支援の貧しさをあますところなく伝えている。

〈彭徳懐（引用者注：中国人民志願軍の司令官）が参謀に絶えず繰り返していたのは、補給の必要性だった。最初の時点で彼は30万の部隊を指揮していたが、将来の戦闘に備えるためにはその数はさらに大きくなった。彼の予言通り、補給の問題は悪夢だった。12月に彼の手元にあった補給用のトラックは３００台ほどだった。これらのトラックは闇の中をライトを消して走らなければならなかった。一晩に動ける距離は30キロから50キロに過ぎなかった。弾薬と食料の補給は彼の部隊の最大の弱みとなった。中国の兵站支援の大半はトラックではなく運搬人足によって行われた。彼らはしばしば気の遠くなるような距離を足で歩いて、南の彭徳懐の部隊に食糧や補給物資を運んでいたのである。そしてその任務が終わると、今度は負傷者を運んで北に戻ってきた。このような状態の下で、彼の部隊の多くは、38度線に近付くにつれて、飢餓水準をわずかに上回る食糧で我慢しなければならなかった。食糧調達の見通しは暗かった。部隊が朝鮮半島を行ったり来たりすれば、どちらの側の軍隊であっても土地と作物を荒らしてしまう。この点は米軍よりも中国軍に厳しい結果をもたらした。米軍はその土地でとれたものを食べるわけではなかったからだ。残酷な極寒の冬は、中国部隊にとって、現地に十分な食糧供給源がないことを意味する。毛沢東の兵士がつい最近まで、彼の有名な言葉にあるように、中国農民という海の中を泳ぐ魚だったとしても、今では敵意のある水の中で泳いでいることになる。北朝鮮の農民から見れば、米軍や韓国軍と同じく、中国軍も困惑すべき相手であることに変わりはなかった。戦争が自分たちの村にやってくれば、良いことは何も起こらないからである。そのため、栄養不足が深刻な問題になった。彭徳懐の兵士はそのころよくいわれたように、「炒った小麦の粉と雪を一口ずつ」食べて飢えと戦わなければならなかった。戦友が死ぬと余った銃弾や食料がないかと遺体を探っている光景も珍しくなかった。

1950年の大みそかに中国軍が第三次攻勢を始めたとき、中国からの食糧は軍の最低必要量の四分の一を満たすに過ぎなかった。米軍の空襲のためにトラック運転手の死傷率は戦闘部隊を上回っていた。兵士たちも常に困憊状態にあった。2月になると、困難な状況の中で戦いつづけ、2カ月以上にわたって基本的には現地の食べ物で生きていかなければならなかった。だが、国連軍の空軍力のために、前線から離れた安全な地区でさえ、ほとんど休む機会は見つけられなかった。寒さは米軍兵士に襲い掛かってきたのと同様に、彼らの足にも厳しかった。米軍指揮官は靴下と足に気を付けるよう繰り返し警告を発した。だが、中国兵の状況はもっとひどかった。かれらは、ハイトップのズック靴だったので、凍傷の問題が常について回った。足が膨らんで靴が履けず、足をぼろきれに包んだだけで戦闘に参加する兵士も見られた。〉

このようなじつに粗末な兵站支援にかかわらず、中国人民志願軍はこの酷寒と食料・弾薬不足などの悪条件のなかで、ソウルを再び奪還し、国連軍を圧迫し、平沢《ピョンテク》―丹陽《タンヤン》―三陟《サムチョク》市の線まで進出した。彭徳懐以下の中国人民志願軍の善戦健闘ぶりが光る。しかしその後、中国人民志願軍は、国連軍の反攻に抗しきれず、三八度線付近まで押し戻され、陣地戦主体となって戦線が膠着した。その原因はまさに兵站能力の不足だったのである。

中国人民志願軍の兵站上の弱点に着目したリッジウェイ将軍

リッジウェイ将軍は罷免されたマッカーサーの後任として一九五一年四月に第二代連合国軍最高司令官に就任した。

リッジウェイの最も重要な転機は、朝鮮戦争中の一九五〇年一二月、中華人民共和国の参戦で国連軍が敗走するなか、米第八軍司令官ウォーカー中将が交通事故死したために、彼の後任として第八軍司令官に就任したことだ。マッカーサー元帥は、リッジウェイに、ウォーカーには与えなかった第一〇軍団（司令官は、マッカーサーお気に入りのアーモンド陸軍少将）の指揮権も与えた。リッジウェイは第八軍を立て直し、中国人民志願軍の攻勢を押し止め、一九五一年春から反転攻撃に出た。

軍事歴史家は圧倒的多数の中国人民志願軍の進撃が停止し、結局、三八度線の向こうに撃退することができたのはリッジウェイが第八軍を立て直すことができたからだと評価する。

リッジウェイはマッカーサーのような政治的なスタンド・プレーなどしない生粋の軍人で、名将だと筆者は思う。ある幕僚は、彼を「操縦席にある男」と評した。第八軍司令官として朝鮮戦争に参加したときも、司令部の仕事を参謀長に任せきりで、自分はふたつの手榴弾を両胸にぶら下げて前線を疾駆した。

リッジウェイは、第八軍司令官に着任すると冷静に中国人民志願軍の攻撃パターンを研究した。敵を知ることは勝利の第一歩である。その結果、敵の戦術パターンが浮かび上がった。それによれば、中国人民志願軍は一週間分の食糧・弾薬しか携行せず、後方支援がほとんどないということだった。リッジウェイはこの中国人民志願軍の戦術を「礼拝攻勢」――一週間単位で教会で礼拝するのと似ていることに由来している――と呼んだ。

リッジウェイは、「礼拝攻勢」に対しては、最初の攻勢を耐えてかわし、その後食糧・弾薬不足で攻撃衝力（攻撃の勢い）がなくなった中国人民志願軍に反撃すれば勝てる……と考えた。また、中国人民志願軍が中朝国境から南下し、兵站支援距離が伸びればその戦力は低下することもわかった。その弱り目に加え、国連空軍により後方連絡線を爆撃すれば中国人民志願軍の戦力はさらに抑えられる。

中国人民志願軍の弱点を探り当てた国連軍は早速戦法を変え、徐々に優位を取り戻した。中国人民志願軍は、一九五一年一月下旬と四月下旬に、続けて第四次と第五次戦役（攻勢）を発動したが、国連軍は、最初の一週間は左右の部隊の連携を保ちながら緩やかに後退し、中国人民志願軍の食料・弾薬が不足しはじめ、攻勢が鈍るのを待った。そして直ちに反撃に転じ、相手に補給と休養の余裕を与えず、戦車の集中運用で逆に敵を分断包囲して大きな損害を与えた。

とくに、中国人民志願軍の一九五一年四月からの第五次戦役に対しては、国連軍は反攻時三八度線以北まで進撃し、敵に空前の八万五〇〇〇人の損害（中国側の統計）を出させ、加えて国連軍が得た捕虜は一万七〇〇〇人にのぼった。捕虜の数は、朝鮮戦争で中国人民志願軍が出した全捕虜数の八割を占めるものだった。

北朝鮮の兵站——旧日本軍の軍需工場と徴用工の活用

筆者が在韓国大使館で防衛駐在官をしているとき（一九九〇～一九九三年）に、ある韓国の情報通から聞いた話が思い出される。曰く。

「いま、在韓米軍が旧日本軍が北朝鮮に残した地下施設に関する情報を、当時のことを知る韓国人や古い文書などで調べている。何のためかというと、北朝鮮の地下軍需施設の場所を調べるためらしい。

北朝鮮は、一九六二年一二月、経済建設と国防建設の並進という新方針に基づいて『全人民の武装化』『全国土の要塞化』『全軍幹部化』『全軍現代化』の四つのスローガンを打ち出した。このなかの『全国土の要塞化』というのは、北朝鮮が朝鮮戦争で国連軍の航空攻撃（爆撃）により軍需工場などの兵站施設を破壊された教訓に鑑み、それを地下に建設するという意味だ。

北朝鮮は、これらの施設建設に旧日本軍が構築した地下を利用しているというのだ。これまで米軍が航空偵察や人工衛星写真などで調査した結果、判明したそうだ。これが明らかになれば、米軍は攻撃する際の目標情報として活用できることになる」

この話のように、北朝鮮は朝鮮戦争においても、兵站面で旧日本軍の遺産をフルに活用したようだ。

金日成は、〈三年間の苛烈な祖国解放戦争で一六ヶ国の侵略者（国連軍）を防ぎえたのは、自動小銃、迫撃砲、弾薬、砲弾などが自給できたから。〉（『金日成著作集』第一五巻未来社刊）と述べている。

この武器の自給生産は、旧日本軍の遺産である平壌兵器製造所の後身、六五号工場で行われた。金日成は同じ著作集のなかで、この兵器工場が建国当初から稼働できたのは〈長年の経験を持つ労働者がいたからだ。〉とも述べている。けだし、これらの熟練労働者は、日本の植民地時代に徴用工として働いていた人たちなのだろう。

この工場は日本の敗戦と同時に侵攻してきた旧ソ連軍が押さえ、進駐ソ連軍の武器の修理を行ったほか、一部自動小銃の生産も行っていたようだ。『金日成著作集』によれば、その自動小銃は「ソ連製四二年式機関銃」で、「マンドリン」と呼ばれたソ連兵士愛用の銃のことだった。この六五号工場は二・八機械工場に拡充され、北朝鮮人民軍の主要な兵器生産工場となった。

火薬工場も旧日本軍が使っていたものである。ソ連進駐軍による兵器工場の掌握を記録した『火薬から化薬まで』という日本火薬株式会社版の資料（一九六七年四月刊）がある。これによれば、旧日本火薬の海州《ヘジュ》工場は一九三八（昭和一三）年にダイナマイトを一日に一〇t生産できる設備で操業を開始し、戦時中の一九四三（昭和一八）年四月にはダイナマイト三〇t、工業雷管三〇万個、電気雷管一・五万個、黒色火薬四t、導火線四〇〇km、綿火薬一tの生産力を持つ総合火薬工場になっていた。

また、北朝鮮における海軍御用達の火薬工場については、千藤三千造著の『日本海軍火薬史』(日本海軍火薬史刊行会)が記録にとどめている。それによれば、朝鮮窒素火薬興南工場は、終戦近くの昭和一九年一〇月に操業を開始し、カーリットを年一五〇〇t、ダイナマイト二〇t、硝安爆薬二〇t、黒色火薬二t、導火線類一〇〇㎞を生産したとしている。カーリットとは水中での爆発威力のある火薬で、機雷・爆雷などに使われた。

朝鮮窒素火薬興南工場の主要原料のうち、塩は西海岸の塩田から、またグリセリンを作る油脂は日本海沿岸を回遊するイワシの油で賄ったという。

因みに、国共内戦における中国人民解放軍の勝利も、朝鮮総督府が立案した「広義国防を基調とせる帝国の塩業政策」(朝鮮総督府『朝鮮の塩業』)に基づいて生産した塩を原料に、旧朝鮮窒素火薬興南工場や旧日本火薬海州工場などで製造した火薬が一助となったといわれる。

制限戦争と兵站

制限戦争とは、正規の軍隊が使用されるものの、政治的な配慮(利害損得)から、地域、手段、使用兵力および達成目標になんらかの制限を加えて実施される戦争である。朝鮮戦争は、ベトナム戦争などと同様に制限戦争である。

第二次世界大戦に疲れた米ソと、国共内戦に疲れた中国は、米国とソ連・中国の間の全面戦争にエスカレートすることを忌避した。また、米国に続いてソ連も一九四九年八月、セミパラチンスクで長崎型と同じプルトニウム爆弾の実験に成功したこともあり、核戦争にエスカレートすることを避ける必要もあった。そのような思惑から、米ソと中国は戦争を朝鮮半島内に留めることを暗黙の合意としていた。

このことが兵站面に及ぼす影響について考えてみたい。米国は圧倒的な海空戦力で朝鮮半島を爆撃したが、遂に中国とソ連に手を出すことはなかった。それゆえ、朝鮮戦争における中国人民志願軍と朝鮮人民軍に対する兵站支援はソ連と中国から絶えることなく続けられた。

一九五一年四月、マッカーサーは「北朝鮮の背後にある中ソを攻撃するために、中国大陸での原爆使用を」とトルーマン大統領に進言したといわれる。彼の進言通りにすれば、中国とソ連からの兵站支援は断ち切られ、朝鮮半島における戦いは国連軍有利のうちに展開していたかもしれない。

しかし、そうなれば米国（国連軍）とソ連・中国の全面戦争になる可能性が高く、朝鮮半島における戦いは、台湾正面と欧州・ドイツ正面にも飛び火したかもしれない。

また、日本にとっては「制限戦争」の縛りが撤廃されると、事実上米国の策源地（兵站基地）兼米国海空戦力の投射基地であることを理由に、ソ連や中国が日本を攻撃する事態となったことだろう。

朝鮮戦争の本質は、大陸国家のソ連・中国と海洋国家の米国が朝鮮半島の支配・覇権を争う戦いであった。筆者として指摘したいのは、「策源地（兵站の源）のソ連と中国が健在する（無傷でいる）限り、米国は朝鮮半島すべてを自己の影響下に置くこと（占領）はできなかった」ということだ。この仮説を一般論として述べれば、「策源地（兵站の源）のソ連（ロシア）と中国が健在する（無傷でいる）限り、米国はユーラシア周縁部（リムランド）での代理戦争での完全勝利はあり得ない」ということになろうか。

米国が軍事理論的に中国人民志願軍と朝鮮人民軍を完全に撃破し、朝鮮半島を占領するためには、マッカーサーが主張したようにソ連と中国に対する攻撃を避けて通ることはできなかったのではないだろうか。

●●●ベトナム戦争

ベトナム戦争もその本質的な構図は朝鮮戦争と酷似していた。この戦争は、米国を盟主とする資本主義・自由主義陣営――朝鮮戦争時の連合国――と、ソ連・中国を中心とする共産主義・社会主義陣営との間に、第二次世界大戦後に生じた対立（いわゆる冷戦）を背景とした代理戦争でもあった。

冒頭に結論からいえば、前項の朝鮮戦争と同様、「策源地（兵站の源）のソ連と中国が健在する（無傷でいる）限り、米国はベトナム全土さらにはインドシナ半島を自己の影響下に置くこと（占領）はできなかった」ということだ。軍事理論的に見れば、米国が北ベトナムの支援する南ベトナム解放民族戦線（ベトコン）を完全に撃破し、ベトナム全土を占領――同時に確固とした南ベトナム政府を確立――するためには、北ベトナムはもとよりソ連と中国に対する攻撃を避けて通ることはできなかったのではないだろうか。米国は、核兵器を保有する中国・ソ連と直接戦争する気などまったくなかった。それは、ソ連と中国も同じだ。

米国が中国・ソ連と戦争をするほどの覚悟がなかったのなら、初めからベトナムにコミットするべきではなかったのだ。ベトナム戦争の推移と帰結を見る限り、朝鮮戦争の戦略的な教訓——策源地（兵站の源）のソ連と中国（マッキンダーが唱えるハートランド）が健在する（無傷でいる）限り、米国はユーラシア周縁部（スパイクマンが唱えるリムランド）での代理戦争での完全勝利はあり得ない（せいぜい引き分け）——がまったく生かされていなかった。

以下、「兵站」の視点から、米国が目的を達成できなかった理由を考えてみたい。

ベトナム戦争において、米国が北ベトナム・ベトコンの兵站拠点・線を破壊・切断しようと実施したのが「北爆」と「ホーチミン・ルート（兵站線）への攻撃」であった。以下これに焦点を絞って説明したい。

北爆

海洋国家・米国の常套《じょうとう》戦略は、絶対的な制海・制空権を確保して敵兵站の策源地（敵の領土）内の様々な目標を爆撃・航空攻撃・艦砲射撃することである。その手法はすでに大東亜戦争と朝鮮戦争の項において説明した。日本に対する爆撃では広島と長崎に原子爆弾まで投下し、止めを刺した。

米国政府・軍が策源地の北ベトナムに対して爆撃・航空攻撃・艦砲射撃するのは至極当然の流れであったろう。それのみならず、南ベトナム内に存在するベトコン（NLF：National Liberation Front）への兵站支援ルートである、ラオスやカンボジア国内を迂回するホーチミン・ルートに対しても爆撃・航空攻撃を行った。これを「南爆」と呼んだ。

北爆のきっかけは「トンキン湾事件」であった。一九六四年八月、トンキン湾の公海上を航行していた二隻の米駆逐艦が、北ベトナム海軍の魚雷艇四隻から連続して攻撃を受けた。

米国はこの事件に対する報復として、その直後から宣戦布告もないままに、一九七三年一月まで断続的に、北ベトナムに対して爆撃を行った。この八年間にわたって続けられた爆撃は「北爆」と呼ばれた。

米国が北爆に踏み切ったのは、南ベトナムで武力闘争を継続するベトコンを制圧するために、それを公然と支援している北ベトナム——ベトコンの策源地——を打撃することを目的にしてのことであった。

米国は当初、中国とソ連を刺激しないよう気を使い、北爆に参加する航空部隊（パイロット）に対して厳しい制約を課した。

飛行場――ソ連軍事顧問（約八〇〇〇人）の一部が存在する可能性があった――、発電所、燃料貯蔵施設、市街地は目標から外された。このような具体的な目標のみならず、北ベトナム軍機を攻撃する方法まで厳しく決められていた。

これに対して、米軍パイロットたちは、「片手を縛られたまま、ボクシングの試合をするようなものだ」と不平を漏らした。

それは朝鮮戦争のときと同じである。さらに朝鮮戦争のとき以上に厳しかったのは米国内を含む世界世論だった。米国はもとより、資本主義・自由主義陣営のヨーロッパや日本などにおいても反戦・平和の声が高まり、米政府・軍に見えない圧力を加えた。

しかし、ときが経つにつれ、中国とソ連は米国が心配するほど過敏には反応しないことが判明したことにより、この「縛り」も徐々に解除された。このことも、朝鮮戦争のときと同じだった。

北爆の目的は、北ベトナムの兵站にダメージを与える狙いから次のようなものだった。

①北ベトナムからベトコンへの物資、人員の輸送を阻止すること

②北ベトナムの工業地帯を叩き、軍需物資の生産を妨害すること
③北ベトナムの政府と国民に打撃を与え、南ベトナムへの侵略の意思を消滅させること
④中国、ソ連からの貯蔵物資を破壊すること
⑤間接的には南ベトナムを精神的に支援すること

このような目的を達成するために、米軍が選んだ北爆の目標は当初、
①交通路と交通機関
②物資集積所
などであった。しかし、一九九五年二月から始まった本格的な爆撃になると次第に目標が拡大し、
③軍事施設
④生産施設
にまで及んだ。最後の北爆となったラインバッカーⅡ作戦（一九七二年一二月から）においては、目標制限は完全になくなった。これにより無差別攻撃が可能となり、
⑤ダム、発電所

図24　ベトナム戦争と兵站

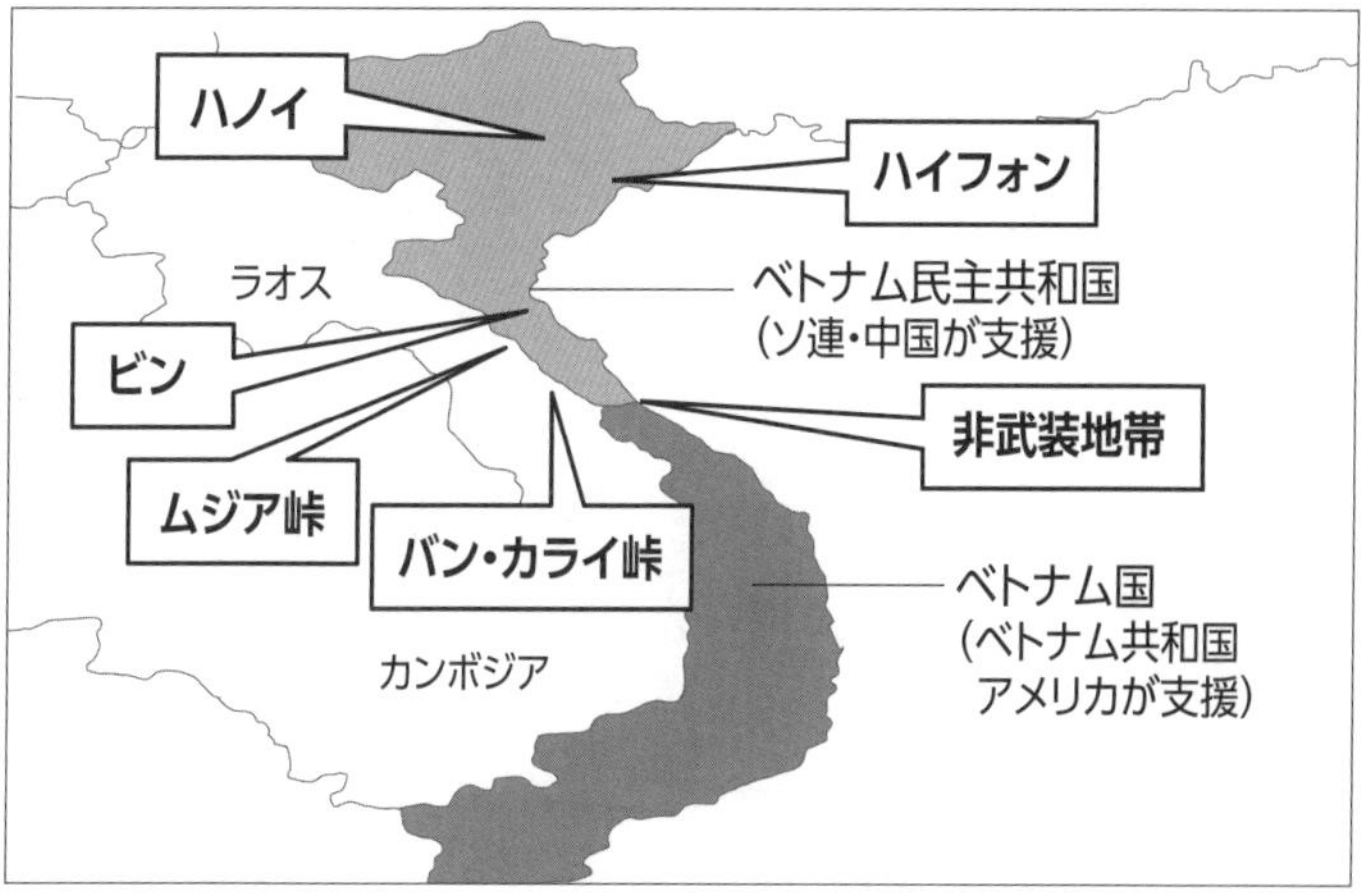

⑥港湾施設
⑦市街地（一般市民への攻撃）
　などが加えられた。

　これら目標のなかで米軍がとくに重視したのは交通路であった。米軍は北爆を実施した七年七ヶ月の間、常に交通路を爆撃し続けた。交通路は兵站の要である。

　図24のように、北ベトナムの国土はフライパンの形に似ている。北部が円いフライパンの形で、南部が細長い柄の形なのだ。米軍はそれゆえ、北ベトナムのことをフライパンと呼び、柄の部分のことをパン・ハンドル（Pan Handle）と呼んでいた。

　フライパンの部分で生産された軍需物資はハノイで集荷され、沿岸の鉄道と道路によって、ビン経由で南ベトナム（ベトコン）に運ばれる。
北ベトナムからのベトコン向けの兵站線（補給ルート）は、

①ハノイ→ビン→非武装地帯→南ベトナム（ベトコン）
②ハノイ→ビン→ムジア峠とバン・カライ峠（いずれもラオス国境）→ホーチミン・ルート（図25参照）→南ベトナム（ベトコン）
③ハノイ→ハイフォン→海上ルート→カンボジア→南ベトナム（ベトコン）

であった。勿論、主な兵站線は①と②であった。

したがって、ハノイから非武装地帯への交通路──軍事用語では補給幹線、MSR：Main Supply Routeと呼ぶ──は、極めて重要な戦略目標であった。米軍はフライパン内の鉄道、道路、橋梁などを繰り返し集中的に攻撃した。とくに、ハノイからビンに至る兵站線の遮断のためには全力を傾注した。なかでもハノイ市中央のポール・ドマー橋（ロンビエン大鉄橋）、ビン北部のタンホア橋への攻撃は凄まじかった。これらの橋は、鉄道と道路の併用される橋で北ベトナムにとっては大動脈に当たるものだった。したがって、朝鮮戦争のときと同様に北ベトナムの橋の修理は素早かった。ポール・ドマー橋を例に取り、米軍の破壊と北ベトナムの修理の競争状況を提示しよう。

一九六七年　八月一一日　第一回攻撃・破壊
　一〇月三日　修復完了（約五〇日）
　一〇月二五日　第二回攻撃・破壊
　一一月二〇日　修復完了（約二五日）
　一二月一四・一八日　第三回攻撃・破壊
一九六八年　四月一四日　もうひとつの橋を構築（約四ヶ月）
　四月三〇日　修復完了（約四・五ヶ月）
　五月一一日　第四回攻撃・破壊

一九六七年の三回にわたる攻撃に投入された米軍の航空機は延べ七八〇機に達し、そのうち六機が撃墜されている。また、橋を防衛する周辺の防空陣地にも米軍機の猛攻が加えられ、多くの死傷者を出した。

このように執拗《しつよう》な攻防をみるに、戦争にとって兵站がいかに重要であるかがわかる。

兵站の重要性は、中国とソ連も深く認識しており、米軍の北爆に対しては、迅速に主に防空装備品を中心に、北ベトナムに対して次のような軍事援助を行った。

①迎撃用ジェット戦闘機の供与と搭乗員の訓練（まずミグ17／19、続いて最新鋭のミグ21戦闘機）

北ベトナムには当初ゼロから最多時には約二五〇機を供与。延べ四〇〇機にのぼる。

②戦闘機用の基地の建設とレーダーの貸与

当初の二ヶ所から一二ヶ所に増加。ほかに一三ヶ所の簡易発着場を建設。

③対空機関砲、高射砲の大量供与

対空火器は約七〇〇〇基から一〇倍に増強。ほかに多数がラオス、カンボジア、南ベトナム領内に送られた。

④地対空ミサイル（ＳＡＭ：Surface-to-Air Missile）の大量供与

合わせて七〇〇〇発以上を供与。一部は南ベトナムでも使用された。

これらの援助により、当時の北ベトナムは世界最高レベルの防空能力を保有することになった。朝鮮戦争時の中国人民志願軍・北朝鮮人民軍とは雲泥の差がある。これが、ベトナム戦争における米国敗北の真実・本質なのである。

この高密度の防空網に挑戦する米軍の航空戦力は、次の三本柱から編成されていた。

第一は、トンキン湾を遊弋《ゆうよく》する空母機動部隊である。第七艦隊は、常に二～四個の空母機動部隊を運用しており、その艦載機の総数は一五〇～三〇〇に達した。

第二は、南ベトナムの二七ヶ所の空軍基地に配備された空軍機で、約六〇〇機が駐機していた。

第三は、最も強力な打撃力を持つB－52戦略爆撃機――「黒い殺し屋」とも呼ばれた――で、グアム、タイの基地に配備され、一八〇機が運用可能であった。なお、一九六五年以降、B－52は台風避難を理由に沖縄・嘉手納基地にも駐留し、ベトナム戦争の激化に伴って常駐化した。B－52は、沖縄からも大量の弾薬を積み、北ベトナム爆撃に出撃していた。しかし、日本政府は配備反対論への懸念から公表しない方針を決定し、黙認していた。そんななか、一九六八年一一月には嘉手納基地でB－52が墜落し、大爆発事故が発生した。

これらの航空戦力は、北爆専用ではなく、必要に応じ南ベトナム領内のベトコンなどの攻撃にも運用された。

北爆をトータルで見れば、北ベトナム領内に投下された爆弾の量は約二〇〇万ｔと推計される。前掲の朝鮮戦争で、米軍が主として北朝鮮領内に投下した爆弾は約七〇万ｔである。面積は、北朝鮮の一二万五三八㎢に対し、北ベトナムは一五万八七五〇㎢である。米軍による北爆の凄まじさがわかる。

米軍は、持てる〝切り札〟として、北爆により策源地（兵站基盤）である北ベトナム領内を徹底的に破壊し尽くすことで、北ベトナム軍とベトコンに勝利できると期待していたのではないだろうか。

米軍は、激しい北爆が続いている限り、北ベトナムの軍需物資生産量の七五％、輸送力の八〇～八五％を破壊しつづけられると見積もっていた。逆にいえば、どんなに激しい北爆をしても生産量の二五％、輸送力の一五～二〇％は維持されるということになる。

朝鮮戦争における中国人民志願軍の兵站状況に比べれば、北ベトナム軍とベトコンのそれは遥かにましだったと考えられる。これでは、米軍が北ベトナム軍とベトコンを制圧できるはずはない。

北ベトナムの兵站を維持しようとする努力は格別だった。また、米軍による北爆に対して中国とソ連がタイムリーに防空戦力などを提供したのは特筆に値しよう。それにより、米空軍・海軍・海兵隊航空機の総損失数は約一五〇〇機にのぼると推定された。

ホーチミン・ルート（兵站線）をめぐる攻防戦

北爆と同様に、北ベトナムの兵站線に対する米軍の攻撃は、ホーチミン・ルートに向けられた。ホーチミン・ルートとは、策源地の北ベトナムから南ベトナム領内で戦うベトコンに対する兵站支援ルートである（図25）。

北ベトナムから南ベトナムに入るには幅四kmのベンハイ川に設けられた南北ベトナムの非武装地帯（DMZ：DeMilitarized Zone）を越える必要があった。しかしながら、ここからの兵站物資の輸送は事実上不可能だった。したがって、北ベトナムはハノイからビンを経てDMZの少し北方のムジア峠やバン・カライ峠などからアンナン山脈（北ベトナムとラオスの国境）を越えてラオスに侵入し、さらにはカンボジアに入って南ベトナムの西方国境正面から無数のルートを経由して軍需物資を南ベトナム領内に運び込んだ。この第三国経由の兵站補給線が、ベトナム革命を指導した建国の父ホー・チ・ミンの名前にちな

図25　ホーチミン・ルート

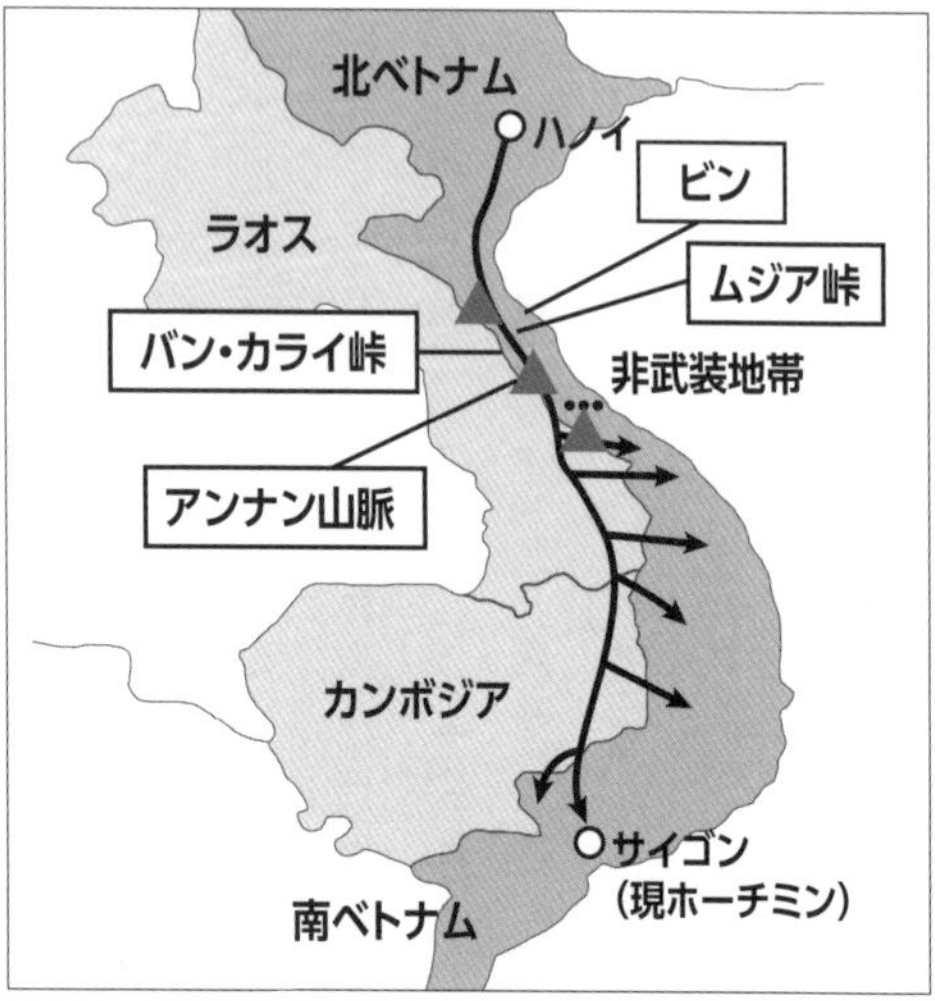

みホーチミン・ルートと呼ばれた。この兵站線の存在こそが、北ベトナムが世界の超大国米国をベトナムから駆逐することができた命脈となった。

北ベトナムはなぜ他国（ラオスとカンボジア）を治外法権的に使えたのか。その理由は、ラオスとカンボジアが弱体政権であったからだ。両国とも政情が不安定で、軍事力も北ベトナムに比べればお粗末極まりなかった。両国は、北ベトナムが領内に補給線を通過させるだけでなく、基地まで建設することを拒めなかった。

最盛期には、北ベトナムは一万両のトラック、二万台の自転車で輸送を行った。輸送用の自転車は格別頑丈につくられ、特製の木枠を取り付けて一度に二〇〇kgもの貨物を人間が押しながら運んだ。この輸送手段がフルに稼働すれば、一日当たり五〇〇〇tから一万

tの軍需品が南ベトナムに運び込まれると推計された。また、ホーチミン・ルートの維持整備のために二〇万人が動員されたという。

米国は空軍を主体に、航空戦力の二五％を使ってホーチミン・ルートの遮断を図ろうとした。B－52戦略爆撃機、攻撃ヘリコプターに加えAC－130ハーキュリーズ輸送機に長射程大火力のボフォースL－60四〇㎜機関砲やM－102一〇五㎜榴弾砲を搭載したガンシップまでも投入した。

一九七〇年の秋から一九七一年春にかけては、このガンシップAC－130とAC－47――グーニーバードー輸送機にGAU－2Aミニガンを搭載したガンシップ――を投入し、「コマンド・ハント作戦」を実施、合計二万五〇〇〇台の北ベトナムのトラックを破壊した。最大の戦果として、同年五月のある一週間だけで、三一五〇両の車両を破壊した。

北ベトナムは直ちに多数の代替え車両を投入するとともに、大量の対空火器を搬入して防空能力を強化した。一九七一年秋にはその数は一六〇〇門にまで増強され、米軍機の低空飛行が困難になった。

米軍によれば、戦争の全期間中、米空軍はホーチミン・ルート上で一五万両を超えるトラックを破壊したが、それでも兵站輸送量の約半分を阻止したに過ぎなかったという。

このように兵站線をめぐる攻防は熾烈《しれつ》を極めたが、そのことこそ兵站がベトナム戦争の勝敗に大きな影響を持つことを両軍サイドが深く認識していた証左といえよう。兵站を巡る戦いで米国はホーチミン・ルートに対する航空攻撃だけにはとどまらず、カンボジアとラオスの同ルートに対する地上侵攻までも実施することとなる。

カンボジアとラオスに対する地上侵攻

一九六九年一月に大統領に就任したニクソンは、泥沼のベトナム戦争からの出口戦略を模索していた。同年七月二五日、米国政府は、「ニクソン・ドクトリン（グアム・ドクトリン）」を発表した。その要点は、①米国はすべての条約義務を守る、②同盟国や友好国を核保有国の脅威から防御する、③侵略が問題となる場合には軍事・経済援助を与えるが、自衛の第一義的責任は脅威を受けた国が負う、というもの。

ニクソン・ドクトリンの真意は、南ベトナム軍を強化して自前で防衛できる（自立できる）態勢をつくらせ、米軍を撤退させることであった。これが「ベトナム化政策」の始まりだった。

先述のように当時のカンボジアは、親米・新南ベトナム派と親中・北ベトナム派などが入り乱れて政局は混沌《こんとん》とし、統一された強力な政府は存在しなかった。それは、北ベトナム・ベトコンにとっては好都合で、ラオス同様にカンボジア領内にも多くの軍事拠点と兵站ルートを張り巡らせていた。

ニクソンとしては、北ベトナムとベトコンが野放図に活動するカンボジアを放置しておくことはできなかった。当時、カンボジア内には約四万名の北ベトナム軍・ベトコンがいると見積られていた。

一九七〇年三月二七日、三万五〇〇〇名の米軍と二万五〇〇〇名の南ベトナム軍が、カンボジアに侵攻した。その目的は、北ベトナム・ベトコンの軍事拠点の攻撃およびホーチミン・ルートの切断であった。

攻撃は、B－52の絨毯爆撃《じゅうたんばくげき》により先導され、そのあとに武装ヘリの大軍が援護する輸送ヘリ（陸軍師団兵士）が続いた。延べ六〇〇〇回以上のヘリ輸送によるヘリボーン攻撃――ヘリコプターによる空中機動により、一挙に敵の弱点などを攻撃する戦術――が実施された。これに加え、米海軍のリバーライン・フォース――米海軍が創設した河川哨戒艇《しょうかいてい》部隊。写真2のような哨戒艇が使われた――は四〇〇隻の河川哨戒艇を投入し、メコン川を遡上《そじょう》して共産側の軍事拠点を襲った。

写真2　哨戒艇

GRANGER／時事通信フォト

これに対するベトコンは歴戦の四個師団・計二万人の兵力で対応しようとしたが、米軍と南ベトナム軍の作戦行動が迅速であったため、有効な反撃はできなかった。作戦発動後、一週間で、共産側は大きな損害を被った。その後は、戦闘を回避する策を取った。

同年五月に入ると、米軍・南ベトナム軍の一部は撤退したものの、主力は六月下旬まで作戦を続けた。この作戦で、カンボジア領内にあった共産側のホーチミン・ルートはかなりの部分が破壊・切断された。また、米軍・南ベトナム軍は二万点近い各種兵器、六〇〇〇tを超す食糧、その他一万一〇〇〇tの軍需品を押収している。

北ベトナム・ベトコンの戦死者は一万人以

上、捕虜は一二一六名にのぼった。一方の米軍は、戦死二四三名、負傷者九三一名、南ベトナム軍は戦死五七五名、負傷者二三六七名であった。

米軍・南ベトナム軍の共同作戦としては、これが成功裡《せいこうり》に終わった最後のものとなった。北ベトナム・ベトコンは、軍事拠点を失い、ホーチミン・ルートを失ったため、一九七〇年春から夏までは攻勢に出られない状態に陥った。しかし、北ベトナム・ベトコンは、直ちに教訓を生かして、ホーチミン・ルートの複数化、軍事拠点の分散、ヘリボーン攻撃に対する火器の増強などを矢継ぎ早に行い、夏以降は、以前にも増して高い兵站輸送ができるレベルにまで修復・整備している。

以下で説明するように、これらの措置は、翌一月末に始まる米軍・南ベトナム軍のラオス侵攻作戦（ラムソン719作戦）対応では見事に効果を発揮した。

ラムソン719作戦は、米軍と南ベトナム軍の共同作戦であり、南ベトナムが独り立ちできるかどうかをテストするものであった。南ベトナム軍は米国製の武器と戦術・訓練により一〇〇万名に増強されていたが、米政府・軍はそれが独力で北ベトナム軍と対等に戦えるのかどうか心配だった。

ラムソン719作戦は、ラオスの幹線道路、国道九号線沿いにラオス領内の約五〇㎞まで深く侵攻するもので、地上戦闘は主として南ベトナム軍が担当し、ヘリ輸送と航空攻撃による支援を米軍が引き受けることになっていた。

国道九号線は、ラオスのほぼ中央を東西に横断しており、その東端は南ベトナムまで延びていた。勿論、国道九号線はホーチミン・ルートともリンクしており、ベトコンへの補給ルートとなっていた。

参加部隊は、南ベトナム軍は精鋭の第一歩兵師団、第一空挺師団、第二海兵師団だった。米軍は、精鋭の第一〇一空中機動師団（ヘリ七二五機を含む）が参加した。

戦場地域は、標高五〇〇〜一〇〇〇mの山岳・森林地帯で、その中央を国道九号線が東西に延びていた。

このような山岳・森林地帯では、土地に馴染《なじ》んでいる北ベトナム軍・ベトコンのほうが有利である。しかし、米軍と南ベトナム軍の共同作戦が成功すれば、ホーチミン・ルートを完全に遮断するのみならず、南ベトナム軍は自信をつけることができる。米軍は安心してベトナムから撤退できることになる。

ラオス内に潜む共産側は、カンボジアのときと異なり、ほぼ全部隊が北ベトナム正規軍で、兵力も四〜五万人を数え、二個戦車連隊（戦車一八〇台）を保有していた。加えて、米軍機の攻撃に備え、二〇個大隊以上の高射砲大隊を配備しており、高射砲の数は一〇〇〇基を上回っていた。

ラムソン719作戦は、一九七一年一月三〇日に開始された。南ベトナム軍は国道九号線沿いに西に進撃し、その北側を米軍レンジャー部隊、南側を第一〇一空中機動師団が空中機動しながら援護する形で作戦する計画だった。

同年二月八日から国道九号線を南ベトナム軍が進撃した。これを援護するために、第一〇一空中機動師団が国道の南北にヘリボーン攻撃を実施し、三つの拠点をラオス領内に確立した。

これに対し、二月一〇日ごろから北ベトナム軍の攻撃が始まった。北ベトナム軍は国道九号線の両側の森林内に対空砲陣地を構え、ヘリを射撃するとともに、南ベトナム軍をも射撃した。作戦発動後五日間で、米軍は二〇機以上のヘリを失った。

北ベトナム軍は、二月二〇日から一週間にわたりT-56およびPT-76戦車を投入して反撃し、南ベトナム軍は大きな損害を受けた。これに対して米軍が対戦車ヘリのTOWミサイルで北ベトナム軍戦車二〇台を破壊したため、南ベトナム軍は壊滅を免れたものの戦意を失い、北ベトナム軍に主導権を奪われた。米軍も第一〇一空中機動師団のヘリが次々に撃ち落とされている。

米軍と南ベトナム軍は劣勢を挽回し態勢を立て直すために一万名を増強した。三月六日ごろからその効果が出てきて、ラオスの小都市チュポンを占領し、共産軍の補給基地や物資集積所を破壊した。

しかし、一〇日ほどもすると、北ベトナムからの増援を受けた共産側は、強力な反撃に出た。米軍の空爆をものともせず大兵力を投入し、三月一七日以降、南ベトナム軍はチュポンから撤退し、その後方（東方）二二㎞に構築していたブラウン基地をも放棄、翌日もふたつの拠点を放棄して撤退を余儀なくされた。

北ベトナム軍の追撃速度は速く、南ベトナム軍の撤退は、ヘリ部隊の救援によらなければならないほど際どいものだった。一部は戦場に取り残される事態も生じた。また、大型の兵器もほとんど搬出できず、北ベトナム軍に奪取されてしまった。ラムソン719作戦は、このように惨めな結果に終わった。

この作戦で、南ベトナム軍の戦力では北ベトナムに抗することは不可能であることがわかった。このことは、南ベトナム政府は米軍が撤退すれば、持ちこたえられないことを明確に示すものであった。また、米軍としては、もはや打つ手はなく、核兵器にでも訴えない限りこの戦争には勝てないことを思い知らされたことになる。

一九七一年八月、レアード米国防長官は米地上軍の南ベトナムでの任務終了を発表した。

ベトナム戦争は中国~ソ連~北ベトナムの危うい関係で成り立っていた——中ソからの兵站支援途絶のリスクもあった

ベトナム戦争の期間中、中国は五〇億ドル、ソ連は九〇億ドルの軍事・経済支援を北ベトナムとベトコンに行ったとされる。ソ連からの兵站物資は海上・陸上・航空からの輸送を問わず、ほとんどはシベリア鉄道と第二シベリア鉄道を利用したものと推測される。

ソ連の兵站支援は輸送距離が長いために、中国と役割分担をしたものと思われる。食糧や弾薬など量の多いものは中国が負担し、迎撃用ジェット戦闘機(ミグ17/19とミグ21戦闘機)、地対空ミサイル(SAM)などの高性能兵器やその部品などはソ連が分担していたものと思われる。

しかし、「一枚岩」に見える中国~ソ連~北ベトナムの戦争協力体制もじつは崩壊のリスクを秘めていた。

一九五六年二月のソ連共産党第二〇回大会でフルシチョフがスターリンを批判してから、

中国とソ連は理論（イデオロギー）的・国家的対立を始めた。毛沢東にしてみれば、本音として、建国の英雄スターリンに対する批判・否定は、やがて自分に対する批判に通じると感じたのだろう。一九五六〜一九五八年ごろはイデオロギー論争だったが、一九五八年には核兵器の開発や対米戦略で対立が鮮明になった。ソ連は中国の大躍進（一九五八年）や中印国境紛争（一九五九年）に批判的で、一九六〇年には経済技術援助協定を破棄し、ソ連技術者を中国から一斉に引き揚げた。

一九六〇年からは社会主義への移行、社会主義社会の性格、核時代の戦争と平和の問題などでイデオロギー対立がいっそう明確となり、一九六三年から両国共産党の間での公開論戦となった（中ソ論争）。中国はソ連指導部を「修正主義」、ソ連は中国指導部を「極左冒険主義」と非難、両者の対立は世界の社会主義運動、ベトナム戦争など第三世界での民族紛争に多大な衝撃を与えた。中国は一九六六年に始まる文化大革命以後、一九六八年夏のソ連のチェコスロバキアへの軍事介入（チェコ事件）や一九六九年三月の珍宝島事件により対ソ脅威感がつのり、一九七一年からは対米接近――ニクソン訪中。米国としては南ベトナムからの米軍撤退を行う環境づくりを目指した――により、ソ連の軍事的脅威に対抗する戦略的配置を敷き、「社会帝国主義」ソ連を米国に代わる主要敵に設定した。ソ連もアジア集団安全保障体制など対中包囲網を構築し、一九七〇年代末まで中ソの緊張と敵対が続いた。

一九六九年九月、ベトナムのホー・チ・ミン主席葬儀の帰途にソ連のコスイギン首相が北京空港で周恩来総理と両国関係について話し合ったものの、前向きな結論はまったく出なかった。

中国とベトナムの関係もそもそも良いものではなかった。中国とベトナムの関わりは紀元前三世紀ごろに始まった。西暦四〇年ごろに秦の攻撃があり、一三世紀には元が大軍をもって侵攻したが、そのたびにベトナムには英雄が登場し、撃退した。このような中国王朝による侵略の歴史は、ベトナムに中国に対する拭い難い不信感を植え付けた。それは中国と朝鮮民族の関係にも似ている。

フランスの植民地だったベトナムは、日本軍の仏印進駐によりその占領下に入った。一九四五年に第二次世界大戦が終わり、独立を宣言するもフランスの妨害を受けた。一九四六年からベトナム—フランス間で、第一次インドシナ戦争が始まったが、一九五四年にベトミンの勝利でフランスは撤退した。同年、ジュネーヴ協定で第一次インドシナ戦争は終結したもののベトナムは南北ベトナムに分断された。

一九六〇年、南ベトナムに南ベトナム民族解放戦線が創設され、一九六一年にはベトナム戦争が勃発した。中国は、一九五四年から一九七五年の間に、北ベトナムが資本主義の南ベトナムとその同盟国である米国を破るのを助けるために、武器、軍事訓練、および不可欠な物資を提供した。しかし北ベトナムは、中国のこのような援助は、ベトナムに対する影響力を高めようとする試みであることを見抜いていた。

ベトナム戦争直後の一九七九年二〜三月、国境問題やベトナム軍によるカンボジア攻撃を理由に、中国がベトナムに侵攻した。これを見れば、中国によるベトナム戦争支援は際どい駆け引きのなかで行われていたことがわかる。

一方ソ連としては、極東アジアに勢力圏を拡大するのが狙いだった。ソ連の下心は、戦後、カムラン湾の基地を租借し、二〇〇二年までソビエト（ソ連崩壊後はロシア）太平洋艦隊の一部をはじめとする部隊が駐留していたことを見れば明らかだ。

このように、中国〜ソ連〜北ベトナムは「一枚岩」ではなく、際どい関係をかろうじて続けていたのだ。この「一枚岩」を保つのに、米国の執拗な攻撃がプラスに作用したことは皮肉というほかない。また、ベトナムの「中ソ天秤《てんびん》外交（中国とソ連を援助競争させる）」が功を奏したのかもしれない。

このように、ベトナムの兵站を支援し続けた中国・ソ連の支援は、じつは危ういものであったのだ。もしも、中国～ソ連～北ベトナムの間に対立・軋轢《あつれき》が早期に顕在化していれば、ベトナム戦争の結果は変わっていたかもしれない。

兵站は戦勝にとって「必要条件」ではあるが「十分条件」ではない
――「人（指揮官・指導者）」が重要な要素

本書では、「兵站が戦争の勝敗に及ぼす影響」について分析している。その観点から、筆者は朝鮮戦争とベトナム戦争の結果について、ひとつの疑問が浮上する。それは、「ほとんど似通った戦争の条件・枠組みのなかで、米国がふんだんな戦力・兵站（物量）で支援したのに、韓国だけが生き残り、南ベトナムが消滅したのはなぜか？」ということだ。

筆者はこう考える。「兵站は戦勝にとって『必要条件』ではあるが『十分条件』ではない」ということだ。即ち、「兵站が不十分な戦争は敗れる」が、「兵站が十分であれば必ず勝てる」というものではないのだ。

しからば、兵站以上に戦勝にとって重要な「必要条件」とは何なのだろう。それは「人（指揮官・指導者）」ではないだろうか。ベトナム戦争指導の核心になったのが、ホーチミンであった。ホーチミンの人柄については次のような記事がある（「みんな知ってるホー・チ・ミンさんってどんな人？ わかりやすく解説します！」https://www.tnkjapan.com/blog/2019/04/25/personality_of_ho_chi_minh/）。

〈ホー・チ・ミンさんは慈愛に満ちた人柄で、彼のポケットにはいつも子供たちに配るための飴《あめ》が入っていたとされています。ひょうひょうとしていながらも優しさを漂わせる、立派なひげをたくわえた気の良いおじさん然としたホー・チ・ミンさんを、人々は親しみと尊敬の念を込めて「ホーおじさん」と呼ぶようになりました。

ホー・チ・ミンさんの人柄を表すこんなエピソードがあります。ある年の旧正月に、ホー・チ・ミンさんは「人々のありのままの生活を知りたい」と思い、自分のボディガードに「ハノイで一番貧しい家庭を訪問したい」と言いました。ボディガードは四人暮らしをする母子家庭に案内しました。

そこでは旧正月にもかかわらず、夫を亡くした母親が必死に働いていました。ホー・チ・ミンさんは驚き、母親に理由を尋ねます。すると、母親は「食べ物がないので、旧正月でも働かなければならない」と言いました。心を痛めたホー・チ・ミンさんは母親を抱きしめ、一緒に泣きました。そして近所の人に「この母親を助けてあげてほしい」と伝え、仕事や子供の就学の手助けをしてあげたそうです。

また、ホー・チ・ミンさんは高潔な人物で、腐敗や汚職、粛清といったことを嫌い、自らも決してそういったことに手を染めることはありませんでした。こうした一面も、いまでも多くの国民が尊敬する理由のひとつです。

ホー・チ・ミンさんが晩年に住んでいた家「ホー・チ・ミンの家」が、ハノイ市バディン区にあります。国のトップとは思えないほど質素な家で、ここからもホー・チ・ミンさんの人柄が窺えます。〉

一方の南ベトナムの指導者はどうだったろうか。初代大統領はゴ・ディン・ジエム（就任期間は一九五五〜一九六三年）だが、米ジョンソン副大統領はベトナム視察の報告書のなかで「（ジエム大統領は）国民から乖離《かいり》しており、しかもジエム本人以上に好ましくない人物に取り巻かれている」と記している。

また、サイゴン市内のカンボジア大使館前で焼身自殺をした僧侶について、大統領実弟のヌー大統領顧問の妻が「あんなものは単なる人間バーベキューよ」とテレビで語り、この発言に対して米国のケネディ大統領が激怒したと報道された。この発言は国内のみならず米国をはじめ、全世界で批判を浴び、南ベトナムではその後も僧侶による抗議の焼身自殺が相次ぎ、これに呼応してジエム政権に対する抗議行動も盛んになった。

ベトナム戦争中の一九六五年、軍事クーデター後、大統領になったグエン・バン・チューは、野党とその支持者や報道機関を弾圧したことから「小さな独裁者」と民衆から揶揄《やゆ》された。また、サイゴン陥落時、自宅から大量の金塊を運んで逃亡しようとしたともいわれている。サイゴン陥落後は米軍の手を借りて台湾へ亡命し、その後英国にわたり、最終的に米マサチューセッツ州に移り住んで同地で病死した。

この南北ベトナム指導者の対照的な資質を見れば、「兵站以前に指導者の資質」が戦勝にとって重要であることが浮かび上がってくる。

因みに、韓国の場合を見てみよう。朝鮮戦争勃発前から大統領を務めていた初代大統領の李承晩《イスンマン》は、停戦後、次第に独裁色を強め、いわゆる「開発独裁」として韓国の復興を進めた。しかしながら、一九六〇年の学生運動から始まった民衆蜂起で倒され（四月革命）、ハワイに亡命後客死した。李は韓国大統領が不運な末路を辿る先鞭をつけることになった。このような経緯を見れば、李承晩はホー・チ・ミンほど国民に愛された政治家ではなかったことは明らかだ。

韓国が北朝鮮に併合されることなく存続できたのは、在韓米軍が置かれたからだ。それは、李承晩の最大の功績かもしれない。米軍主体の国連軍、北朝鮮人民軍および中国人民志願軍の三者間で休戦協定が締結（一九五三年七月）された直後、韓国は李承晩政権の下で、一〇月一日に米韓相互防衛条約を調印した。これにより、米軍が常駐し、北朝鮮の侵攻を抑止できる態勢が確立され、韓国の存続が保証されるようになった。

米韓相互防衛条約の締結には伏線がある。李承晩は、北朝鮮から釜山橋頭堡に追い詰められるという窮状のなかで、一九五〇年七月一四日に、韓国軍の指揮権をマッカーサー国連軍司令官に移譲した。李承晩としては米軍を朝鮮半島につなぎ止めるための苦肉の策だったに違いない。

このように、韓国の存続は、大統領の人物や能力ではなく、変則的な政治力（いわば苦肉の策）により達成されたとみるべきだろう。

●●● 湾岸戦争

湾岸戦争は米国の一極支配構造下の戦争――兵站・財政へのインパクト

湾岸戦争は一九九〇年八月二日のイラクによるクウェート侵攻をきっかけに、国際連合が多国籍軍（連合軍）の派遣を決定し、一九九一年一月一七日にイラクを空爆して始まった戦争である。

第二次世界大戦後、約四〇年間続いてきた冷戦時代、資本主義・自由主義陣営の盟主米国に対抗してきた共産主義・社会主義陣営の盟主ソ連は崩壊（一九九一年一二月）寸前で、米国の一極支配構造の到来が近づきつつあった。

このため、のちのイラク戦争のときとは対照的に米国主導の対イラク対処が比較的スムーズに進んだ。すなわち、イラクの軍事侵攻に対し、同日（一九九〇年八月二日）中に国際連合安全保障理事会は即時無条件撤退を求める安保理決議六六〇を採択、さらに八月六日には全加盟国に対してイラクへの全面禁輸の経済制裁を求める決議六六一も採択した。

しかし国連軍の編制はソ連・中国の反対でできないため、米国は「有志を募る」という形での有志連合の多国籍軍での攻撃を決め、米国の同盟国でクウェートと歴史的につながりの深い英国やフランスなどがこれに続いた。エジプト、サウジアラビアをはじめとするアラブ各国もアラブ合同軍を結成してこれに参加した。さらに、米国と敵対関係にあったシリアも参戦を決定したが、これは「米国は、手詰まりに陥っていたレバノン内戦問題の解決をシリアに事実上一任する」という取引の結果であった。

米国はバーレーン国内に軍司令部を置き、延べ五〇万人の多国籍軍はサウジアラビアのイラク・クウェート国境付近に進駐を開始した。

このような米国主導の戦争が兵站に及ぼす影響についてみてみたい。当時、湾岸戦争の兵站についての主務者だったパゴニス中将（米軍第二二後方支援司令部司令官）はその著『山・動く』（佐々淳行監修　同文書院インターナショナル刊）のなかで、次のように述べている。

〈米軍の後方支援担当者は、多国籍軍に参加した他国の軍の補給と輸送には直接の責任を負っていなかった。（たいていの場合、反イラクで参戦した各国の軍は、それぞれ個別の補給・支援システムを使っていた。）とはいえ、これらの軍との協力と調整は、極めて重要だった。燃料など互いに必要とする品目は、多国籍軍の間で共有され交換された。移動計画を戦場で百パーセント組織的に実施できるようにするため、地上戦における人員と物資の大規模な移動について米軍と他国軍との間で慎重に調整しなければならなかった。また、非公式には、できる限りの場面ではお互いに助け合ってきた。例えば、地雷除去装置をエジプト軍の戦車用に提供したこともあった。〉

米軍は、このように兵力を戦場に派遣した国に対しては、寛大で協力的だった。しかし、憲法第九条を盾に自衛隊を多国籍軍として参加させなかった日本に対する態度は違っていた。

日本は、輸入原油の大半を中東に依存し、片務条約とはいえ米国と日米安保条約を締結している。米軍を中核とした二九ヶ国・約九六万人が戦争に参加するなか、米国にとって重要な位置を占める日本が「何もしない」というのは、いかにも不自然だ。これを国内的には「憲法のせい」とは説明できても、国際的には通用しない話だった。

ときの海部《かいふ》内閣は、米国や国際社会に「負い目」を感じ、「金」で解決しようとした。

「湾岸戦争と日本の拠出金（http://www.geocities.ws/ceasefire_anet/misc/tax_1.htm）」と

いう記事には日本が米国に対し「献金」する様子について、以下のように記されている〔抜粋・要約〕。

〈日本政府は、イラクのクウェート侵攻から4週間後の8月29日になって、多国籍軍への10億ドルの資金提供を決定した。しかし、アメリカ議会では日本側の回答が遅れたことと貢献がこれでは不十分だという批判が相次ぎ、9月12日、「在日米軍の駐留費を全額、日本が負担しない場合、米軍は日本からは段階的に撤退することを要求する」という決議案を下院が提出した。その要求（脅し）に対して日本政府はあわてて、2日後の9月14日、多国籍軍への拠出金を更に増やし、合計40億ドルを支援する決定をした。

翌91年1月17日、多国籍軍は、イラクへの攻撃（爆撃）を開始した。アメリカは日本に追加支援を要請し、同年1月24日には、日本は多国籍軍に対し90億ドルの拠出を決定した。

90億ドルの支援を行う際、当時、幹事長だった小沢一郎氏は「米国から要求される前に日本独自に方針を打ち出す必要がある。財政支援は最低で100億ドル。戦争がどうなるかわからないし、頭金みたいなものだ。（91年1月21日）」と言い放ったという。

アメリカに支払う前に円安が進行し、アメリカ側から、90億ドルを（支払いの時点の）円建てで支払うようにという要請があり、のちに5億ドルが追加支援金として日本政府から支払われ、総計135億ドルを日本政府は湾岸戦争のために支払った。

湾岸戦争の米国防費の総額は約610億ドルと言われているが、そのうち各国からの支援金は合計で539億5200万ドル。湾岸戦争の戦費の88・4％は各国からの支援で賄われたといわれる。中でも、直接に多国籍軍に守られたサウジアラビアとクウェートを除けば、日本が支払った金額は第一位だった。〉

米国は日本が財政支援だけに留め、自衛隊を戦場に派遣しないことに不満だった。そのことが日本政府には、「トラウマ」となった。二〇〇一年九月一一日、同時多発テロに対抗する米国の軍事報復行動に対して、先進各国の支援・協力体制が広がった。日本政府には、湾岸戦争のときの「トラウマ」があり、早くから、後方支援だけでも自衛隊を派遣したいという意向が強かった。その際、知日派でもある米国のアーミテージ国務副長官がアメリカの不満を代弁する形で、柳井駐米大使（当時）に「ショー・ザ・フラッグ（日の丸〔自衛隊〕を見せろ）」と発言した。これが、無形の圧力となり、日本政府は、時限立法として「テロ対策特別措置法案」を可決・成立させた。ここに、物資の補給や輸送、非戦闘地域での医療活動などにおける自衛隊の後方支援（兵站支援）への道が開かれた。

湾岸戦争における日本の役割・貢献については、あとで述べる。

湾岸戦域（リムランド）に対する米国の兵站――兵站線はシーレーン

先に説明したように、スパイクマンは海洋国家の米国が世界支配することを念頭に〈リムランドを制するものはユーラシアを制し、ユーラシアを制するものは世界の運命を制する。〉と主張した。一方、マッキンダーは大陸国家のドイツやソ連が世界の支配者になる恐れがあることを念頭に〈東欧を制するものはハートランドを制し、ハートランドを制するものは世界島を制し、世界島を制するものは世界を制する。〉と主張した。

いずれにせよ、冷戦中はリムランドを巡る米国とソ連の戦いが主体であり、マッキンダーとスパイクマンの仮説には一定の説得力がある。

図26のように、スパイクマンはハートランドへの入り口を七つ図示している。図のように、「七つの入り口」のひとつはペルシャ湾を通り、クウェートとイラク、それにイラン

図26　ハートランドへの入り口

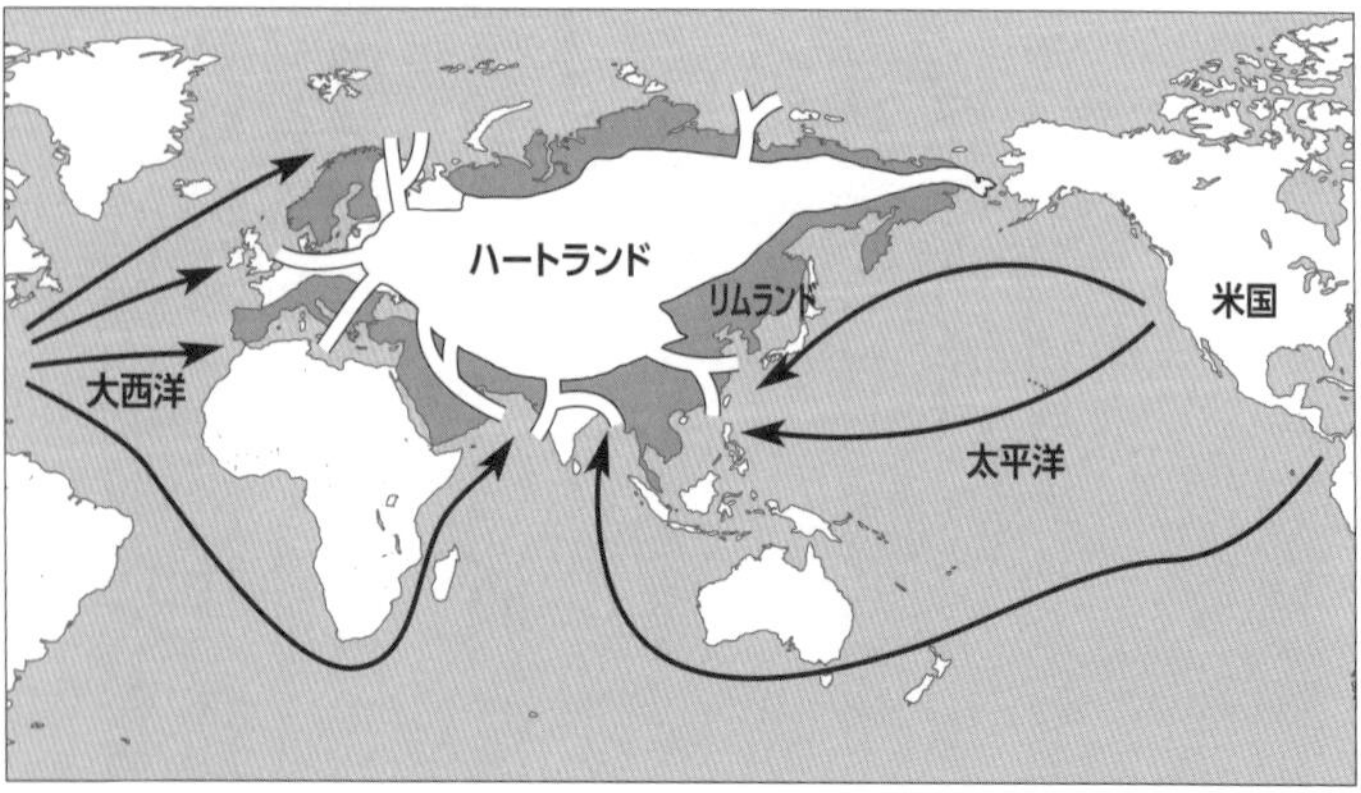

の一部もふくまれる。即ち、湾岸戦争は、地政学的に見れば、スパイクマンの唱えるリムランドにおける戦争である。さらに言えば、リムランドの領域のなかでも、ハートランドへの入り口にあたる、対ソ戦略上極めて重要な地域における戦争だったということだ。勿論、当時、ソ連は崩壊直前で、米ソの対立は最低レベルではあったが。

米国がリムランドに属するイラクに対して作戦を行うためには次のようなふたつの条件（目標達成）が必要であった。

(ア)　米本土から太平洋・大西洋を越えて兵力と兵站物資を届けること

米国は本土から太平洋・大西洋上を経由して

ペルシャ湾に至る兵站補給ルート＝シーレーンを維持・確保する必要がある。勿論、空輸という手段もある。とくに緊急を要する兵員輸送は空輸が主体となる。しかし、物量が圧倒的に多い軍需物資については、海上輸送に頼らざるを得ない。

シーレーンを維持・確保するためには、制海権（海軍・空軍）、制空権（空軍・海軍）、基地（他国に設営した米軍基地）が不可欠である。米国は第二次世界大戦以降、移動可能な基地として制海権（海軍・空軍）と制空権（空軍・海軍）の機能を併せ持つ空母機動部隊を創設した。因みに、湾岸戦争時には、インディペンデンス、アイゼンハワー、サラトガ、ジョン・F・ケネディの各空母が投入された。

また太平洋についていえば、米国からペルシャ湾に至るシーレーン沿いには〝道の駅〟のように、ハワイ、グアム、フィリピン、ディエゴ・ガルシアが存在した。フィリピンについては、湾岸戦争時はクラーク空軍基地もスービック海軍基地も撤収直前ではあったが依然存在した。

このような態勢のなかで、米国のシーレーンを脅かすものは一切なく、「米国の輸送船は大手を振って航行できる状態」であった。したがって、このような敵なしのなかでの米軍の兵站業務は、二万五〇〇〇km以上の距離を膨大な兵員と軍需物資を送ることであったが、これは譬えが相応しいかどうかはわからないが、宅配業者や郵便局員が荷物を多くの家庭に届けるのと似ている。

「膨大な兵員と軍需物資」の輸送・処理などについては、湾岸戦争の兵站についての主務者のパゴニス中将（米軍第二二後方支援司令部司令官）が『山・動く』のなかで、次のように述べている。

〈「砂漠の盾」作戦の開始から三〇日間に、三万八〇〇〇人を超す部隊と十六万三五八一ｔの器材を上陸させ処理した。これは、第二次世界大戦、朝鮮戦争、ベトナム戦争の初期段階に行われた配備に比べかなり大規模なものだった。

一日平均で、航空機三十五機と船二・一隻（引用者注：相当ぶんの兵員・器材）を処理した。この数は、アラスカ州のトラックとバスの登録台数にほぼ匹敵する（引用者注・輸送量である）。（中略）さらには、三万三一〇〇個のコンテナを下したが、これは一列に並べると、端から端まで三〇〇キロを超す〉

米国の兵站は二段構えであった。ひとつめは事前集積船隊によるもので、緊急に投入す

写真3　RO-RO船

Imaginechina／時事通信フォト

る部隊のためのもの。ふたつめは、その後、後続・主力部隊用に送る兵站（輸送船・航空輸送によるもの）であった。

事前集積船隊は、米輸送軍隷下の軍事海上輸送司令部が、あらかじめ武力紛争の起こりそうな地域の近くの海上に海兵隊の兵器・物資を海上備蓄し、いざ紛争が始まって有事になった場合に海兵隊が軍需物資を取得し、即応できるように準備されたものだ。

事前集積船隊は、米国本土から離れた海域にコンテナRO－RO船（roll-on/roll-off ship、写真3）やコンテナ船に兵器・物資を満載して海上備蓄を行い、平時は米軍の海外拠点のある泊地に停泊し、有事に紛争地近くまで移動して物資を降ろす仕組みとなっている。米軍が紛争地域において、迅速に戦闘可能となるように、兵器や資財を事前に紛争地近くに展開しておくものである。

ＲＯ－ＲＯ船とは、フェリーのようにランプウェイ（揚陸装置）を備え、トレーラーなどの車両を収納する車両甲板を持つ貨物船のことである。車両甲板のおかげで搭載される車両はクレーンなどに頼らず自走で搭載／揚陸できる。わかりやすくいうなら、軍用のカーフェリーといったところか。

パゴニス中将は、湾岸戦時の事前集積船の状況について、前掲書で次のように述べている。

〈一九八〇年代初期、国防総省は事前集積船として知られる、軍事器材と補給物資を積んだ浮かぶ備蓄所を導入することで、この穴（引用者注：米国と中東イスラム諸国との政治的な結びつきが希薄だったため、同地域に米軍を投入する際に基地などの受け入れ基盤がなかったこと）を埋めようとした。この事前集積船は幾つかの戦略的に重要な場所に係留され、軍事的な紛争地、とりわけ米国の利用できる資源（軍需物資）がほとんどないような場所に速やかに展開できるようになっている。後に明らかになるのだが、

これらの事前集積船は湾岸戦争ではまさに命綱だった。〉

パゴニス中将はさらに、事前集積船が積んでいる貨物の内容についても言及している。これらの品目は、米軍の応急的な戦争必需品として興味深い。少し長くなるが、引用する。

〈六隻の事前集積船（おもに弾薬を積んでいる空軍船二隻と陸軍船四隻）がすでに動員され、インド洋のディエゴ・ガルシア島からペルシャ湾に向かっているという情報を得ていた。これらの船舶が戦域に最初の大量の補給物資を持ち込む公算が強く、アメリカ中央軍司令部（引用者注：中東全域、中央アジアの一部の国々にいる米軍部隊を指揮下に置く統合軍で、同軍司令官のシュワルツコフ陸軍大将が湾岸戦争の指揮を執った）の後方（兵站）支援チームは、ペルシャ湾に向かって急行していた事前集積船の積荷の概略を手早く知らせてくれた。事前集積船は、戦場に「基地を持たない軍」を支援するために必要だと考えられる品目のほとんどを、少なくとも最低限の量は積載していた。たとえば、次のような補給品である。小銃火器用弾薬と三万二五五〇個の手榴弾、十六台のパン焼きオーブンと地雷三〇〇〇発、二〇〇〇万リットル強のジェット機用燃料、クレーン、保冷車、フォークリフト、機関銃・迫撃砲弾、六〇〇〇個の寝袋、軍服と作業服、七台の野外洗濯ユニット、十二万四〇〇〇食の携帯食料、食糧加熱用の固形燃料、医療品、簡易ベッド、毛布、テント、謄写印刷機、ファイルキャビネットと無線機、そのほかにも数えきれないほどの品目を積んでいた。結果的には事前集積船が品目でとりわけ重要だったのは木材だ。十四万メートル弱の板材と千八〇〇枚の合板を積んでいた。米軍のサウジアラビア到着から数日のうちに、サウジアラビア国内の建築用木材の大半を米軍の建設部隊が使いつくしてしまったからである。〉

幾多の戦争の歴史のうえに米軍が新たに確立した兵站に関わる「結実」のひとつが事前集積船である。

湾岸戦争における二段構えの米軍の兵站のふたつめの方法は、本国からの本格的な海上輸送である。数十万の大軍と七〇〇万tの軍需物資、約一三万両の戦闘車両の大半の輸送は、この本格輸送の結果である。

海洋国家米国がユーラシア大陸の周縁部――リムランド――で作戦を行う際は、巨大な海上・航空輸送力が不可欠である。湾岸戦争における本格海上・航空輸送について、パゴニス中将は前掲書で次のように述べている。

〈海上輸送は私の担当ではなかったが、湾岸戦争に参加した誰にとっても、米国が高速海上輸送の能力を引き上げる必要があることは明らかだった。米軍が戦場（たぶん後方支援の基盤のまったくないところ）に迅速に展開する必要が高まっていることを考えると、部隊と装備を海上輸送できる能力を確実に持たなければならない。湾岸戦争で使用した八隻の高速輸送艦は目覚ましい働きをした。実際、実績に基づいて、議会は同種の船舶の増強に必要な措置を既にとっている。

同じ文脈で、戦車を戦場に輸送できるC－17輸送機は、すばらしい財産であり、大きな改善につながる。現在のC－141では戦車は運べない。C－17は整地されていない滑走路に着陸できる。サウジアラビア程基盤の整っていない場所に必要になるかも知れない。〉

この記述からもわかるように、本格海上輸送の担い手は八隻の高速輸送艦で、そのほかにも国防予備船隊などが活用された。

国防予備船隊とはモスボール――劣化防止を施すこと――された一群の船舶を指し、その大半は商船である。各船は二〇日から一二〇日程度の日数で現役復帰することができ、有事の際は、軍用、あるいは商船不足の場合には非軍用にも提供される。

湾岸戦争の際、国防予備船隊は大規模な動員を行い、効果的に機能した。具体的には七九隻の即応予備船隊所属船と二隻の特殊目的兵站船が出動し、その後八隻がインド洋に常駐した。しかし「即応」とはいうものの、出港が予定より大幅に遅れた船があったという。

海上輸送能力は、それでも足りず、米軍は、日本に対して商船による支援協力を求めてきた経緯がある。それについてはあとで述べる。

米軍が、ユーラシア（ハートランド）周縁のリムランドで行う作戦は、上記のように大量の兵員と兵站を輸送する必要がある。兵員は空輸できるが兵站は九割近くが海上輸送に依らざるを得ない。そのため米軍は、上記のように事前集積船や国防予備船隊などを採用しているが、軍の組織としても米輸送軍という統合軍（機能別統合軍）を有している。米輸送軍は一九八七年創設、イリノイ州スコット空軍基地に司令部を置く。

米輸送軍は、平時・戦時を問わず、全世界における米軍の兵站・輸送（戦略輸送・戦術輸送）に関する作戦指揮を統括的に担当する組織であり、陸・海・空・海兵隊の四軍が有する兵站・輸送担当部隊などを指揮下に収め、大型輸送機や空中給油機、輸送艦、補給艦、コンテナ、鉄道車両、輸送車両などを運用している。次のような輸送専門の司令部・部隊を保有している。

米輸送軍の組織編制は、「全世界における米軍の兵站・輸送（戦略輸送・戦術輸送）に関する作戦指揮を統括的に担当する」という任務に基づき、指揮下に陸・海・空・海兵隊の四軍が有している兵站・輸送担当部隊――航空機動軍団、軍事海上輸送司令部、陸軍配備流通コマンド――を「構成部隊」として組み込む形を採っている。また、米輸送軍自身の「下部組織」という形で、統合能力付与コマンド――米軍の全世界的運用・統合運用に対応するため、各統合軍の司令官たちの要求・要望に応じ、統合的な作戦展開を可能にするための兵站支援を行う――を隷下に置き、これら四つの組織が中核となっている。

(イ) 兵站物資を荷揚げする港湾・空港の確保――サウジアラビアの米軍受け入れ

米国にとって、中東で作戦を行い、それを兵站支援するためには、その基盤・舞台となる「陸地」が必要である。硫黄島や沖縄やノルマンディーに上陸作戦を行った際には敵地の沿岸に「橋頭堡」を奪取・構築することから始まった。海兵隊が強襲上陸して「橋頭堡」を確保し、そこに兵士・兵站物資を揚陸し、それを拡大していくというやり方だ。勿論、作戦が進展すれば兵站支援を強化するために近傍の港や空港を至急確保するのは当然である。

しかし、湾岸戦争においては、幸いなことにサウジアラビアがイラクのクウェート侵攻から五日後の八月七日に米軍駐留を認めた。これは、ブッシュ大統領がファハド国王に「サウジアラビアへのイラクによる攻撃もあり得る」と説得した賜物だった。米国はイラン・イラク戦争の際にイラクを支援した経緯があり、大統領自らがファハド国王に会って説得することで信頼を得る必要があった。また、サウジアラビアは、メッカという聖地を抱えているため外国人異教徒の入国を厳しく制限していた。サウジアラビアが、友好国とはいえ米国など異教徒国の有志連合軍の進駐を認めたことは、多くのイスラム国家にとっては予想外の出来事であった。

これで米軍は、確固たる「足場」を得ることができた。また、兵員と兵站を受け入れる港と空港が確保できることとなる。パゴニス中将はサウジアラビアが米軍受け入れを決定する前の段階で、湾岸地域における作戦に対する兵站支援のありかたについて考究し、サウジアラビアの米軍受け入れが重要（望ましい）との結論に達した。これについて前掲書で次のように述べている。

〈（米軍部隊の）配備に許される時間はきわめて少ないと考えられるため、部隊と補給品の大部分は世界中の様々な地点からサウジアラビアに空輸するのが理にかなっていた。サウジアラビアの北東の角にあるダーランの飛行場は、巨大な近代的施設だった。その上、ダーランの北わずか数キロのところに第二の空港が建設中であり、もっと広い施設になる見込みだった。両飛行場とも作戦の舞台になると予想される場所に非常に近かった。（中略）飛行場は確保できた。次の問題は港湾施設だった。（中略）サウジアラビアには三つの主要港があった。東岸のダンマームとジュベイル、そして西岸のジッダだ。いずれも世界でも有数の規模と設備を誇る港湾施設である。（中略）立案中の後方（兵站）支援計画は、すべてサウジ王室の善意にかかっていた。〉

結果から言えば、ファハド国王が「善意」をもって米軍駐留を認め、空港と港が使用できるようになったことで、膨大な兵員輸送と兵站支援も目途がつくことになる。

それにしても、サダム・フセインは、なぜイラク攻撃の基地となるサウジアラビアを攻撃しなかったのだろうか。それについては、パゴニス中将も同書で〈謎〉と書いている。

〈米軍の湾岸戦争の初期段階の直接的な軍事目標は、占領したクウェートにそれまでに十万以上の部隊を進めていたイラク軍が、サウジアラビアの国境を越えて侵入してくるのを食い止めることだった。サダム・フセインがなぜサウジアラビアにまで兵を進めなかったのかは、今日まで謎のままである。クウェートに比べると、サウジアラビアの戦闘部隊の方がかなり規模も大きく、装備も優れ、よく訓練されていたのは事実である。それでも、サウジアラビアはイラク軍に長く抵抗することはできなかったはずだ。そして、後方支援の観点からいえば、フセインがサウジアラビアの主要な港と飛行場を制圧していたら、アラビア半島を奪回しようというその後の作戦は、計り知れないほど高くつくものになっていただろう。〉

このように、①ファハド国王が米軍駐留を認めたこと――勿論、有志連合軍も、②サダム・フセインが米軍（有志連合軍）介入前にサウジアラビアを攻撃しなかったこと、により、米軍はサウジアラビアに戦闘力を集中し、攻撃を準備することができた。また同様に、戦車などの兵器・弾薬・食糧などの兵站物資をサウジアラビアに搬入し、戦闘部隊に提供してフルに戦力を発揮させることも可能となった。

余談だが、ファハド国王は湾岸戦争のいわば「ホスト国」として米軍に対し様々な配慮をしている。国王は、サウジアラビア軍と生鮮食料品（野菜と果物）の供給を契約しているアストラ・フーズ社――世界最大の有蓋農場を経営――をパゴニス中将に紹介し、米軍に低廉価格で最大の支援をするよう調整してくれた。米軍は戦闘用携帯食料としてMRE（Meal, Ready-to-Eat）という個包装されたレーション（携帯食）を準備していたが、それに加え生鮮食料品の供給やハンバーガーの出張サービスまで行っている。また、兵士の士気高揚策として砂漠のなかに仮設プールまでつくった。この様子を見ると、すでに述べたガダルカナル島の戦いやインパール作戦に比べればまさに「天地の差」があり、湾岸戦争の兵站は「贅沢すぎる」と言わざるを得ないほどだった。

短期に終結した湾岸戦争――巨大な兵站の撤退が大仕事に

「砂漠の嵐作戦」は、宣戦布告なしに一九九一年一月一七日、多国籍軍によるイラクへの爆撃により開始された。この最初の爆撃は、サウジアラビアから航空機およびミサイルによってイラク領内を直接たたく「左フック戦略」と呼ばれるものだった。クウェート方面に軍を集中させていたイラクは虚を衝かれる形となり、急遽《きゅうきょ》イラク領内の防衛を固めることとなった。巡航ミサイルが活躍し、米海軍は二八八基のUGM／RGM－109「トマホーク」巡航ミサイルを使用、米空軍はディエゴ・ガルシア島などを基地にして、B－52戦略爆撃機から、無誘導爆弾のみならず三五基のAGM－86C ALCM（空中発射巡航ミサイル）を発射した。このように、圧倒的に質量ともに戦力が上回るアメリカ主導の多国籍軍は、緒戦から一方的な戦闘を繰り広げた。

一ヶ月以上にわたって行われた空爆により、イラク南部の軍事施設はほとんど破壊された。一九九一年二月二四日に空爆が停止されると同時に、多国籍軍は地上作戦＝「砂漠の剣作戦」に突入し、図27のように、ペルシャ湾方向からの攻撃に対処するようにクウェートに展開したイラク軍を背後から包囲する形で、イラク領内に侵攻した。

サダム・フセインへの忠誠心が高い大統領親衛隊や共和国防衛隊を除くイラク軍主力は空爆によって消耗し、戦意を失った。加えて装備は元々貧弱で、まるで士気がなく、反撃することもなく一方的に撃破され、続々と投降した。

イラク軍は同年二月二六日ころから二本の幹線道路沿いに長蛇の列をつくって、クウェ

図27　砂漠の剣作戦

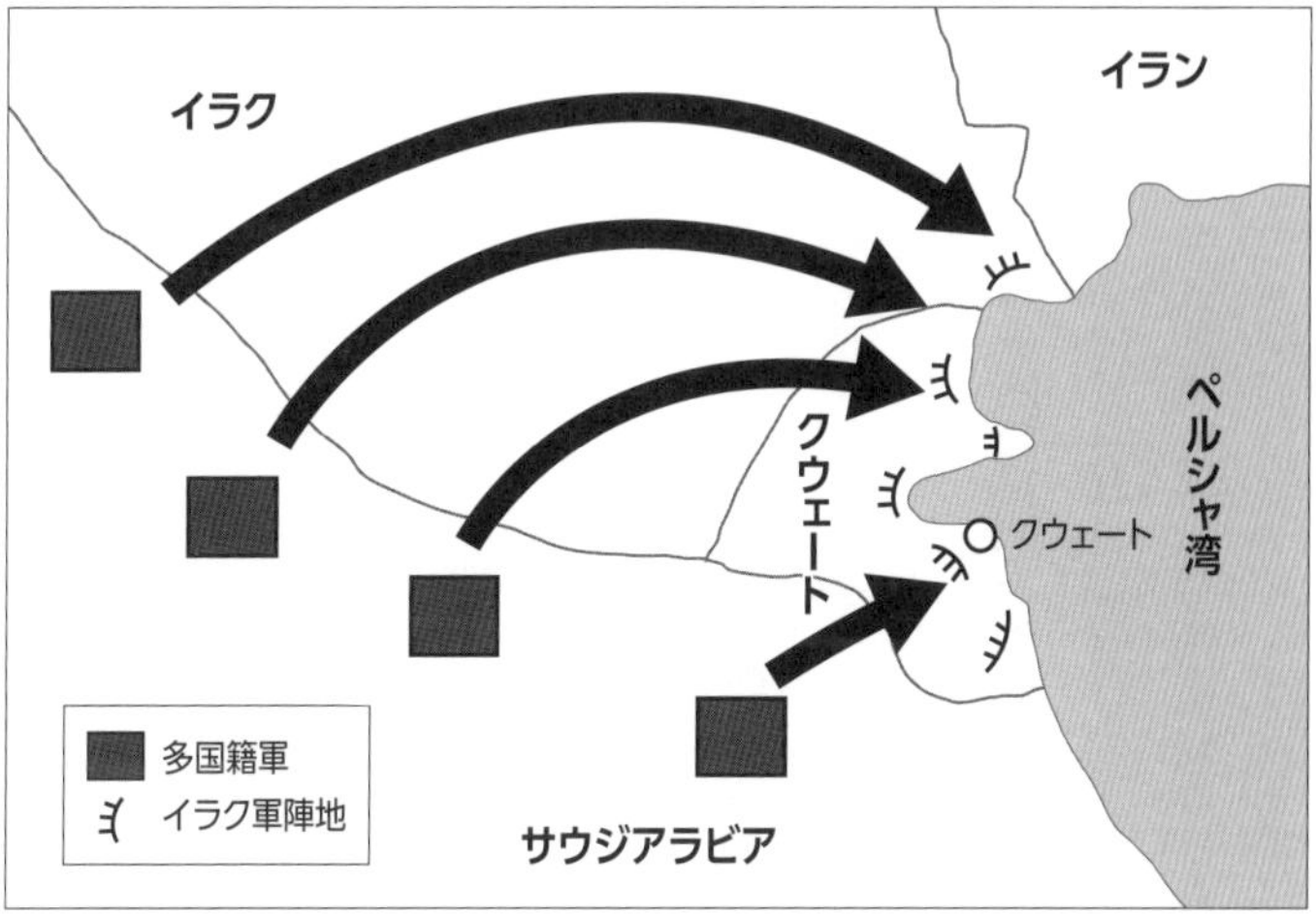

ートからの撤退を開始した。これに対して、翌日にかけて米軍機が猛爆したため、幹線道路沿いには無数の焼け焦げた車両と死体が散乱していた。多国籍軍は、二月二七日にはクウェート市を解放し、敗走するイラク軍を追撃した。その後二月二八日の朝には戦闘が終結し、三月三日に暫定停戦協定が結ばれた。

パゴニス中将の第二二後方支援司令部は、本来は、地上作戦の進展に伴って、イラクやクウェート領内に兵站線と兵站施設を推進し、戦闘部隊を支援する計画であった。しかしながら、僅か一〇〇時間で地上作戦が終了したため、後方（兵站）支援は、途中で中断することとなった。これについて、パゴニス中将は前掲書で次のように述べている。

〈戦争があっけなく終わってしまったために、結果的には後方支援態勢のいくつかの側面は試されることもなかった。たとえば、余りに大量の補給物資を前線に送ったため、戦場の指揮官は消費を制限する必要が無かった。紛争が長引いていたら、そういうわけにはいかなかっただろう。要請した五〇パーセントの補給で何とかやりくりしなければならなかったはずだ。〉

かくして、パゴニス中将の次の課題は「撤退」となった。パゴニス中将は、この近代稀に見る撤退作戦について、次のように述べている（同書）。

〈湾岸戦争で最も困難だったのは最後の段階、すなわち部隊の撤収である。（中略）「砂漠の送別」と名付けられた撤収作戦で、人員、補給品と器材を砂漠から飛行場と港に移動させ、サウジアラビアから輸送しなければならなかったのである。（中略）最初の一二〇日で、一一万七〇〇〇台の装輪車両と一万二〇〇〇両の装軌車両、二〇〇〇機のヘ

リコプター、四万一〇〇〇個の補給用コンテナを洗浄して送り出した。〉

日本はどう関わったか

湾岸戦争においては、朝鮮戦争やベトナム戦争に比べ、米国にとっての日本の〝利用価値〟は相対的に低かった。それは、戦場となったサウジアラビア、クウェート、イラクが日本から一万一〇〇〇㎞も離れていたからだろう。

朝鮮戦争においては、日本は文字通り米国の第三の策源地であり、兵站支援の最前線基地として活用された。また、日本に展開する米海空軍基地から戦闘機や爆撃機が出撃し夥《おびただ》しい量の爆撃を行った。

また、ベトナム戦争においては朝鮮戦争ほどではなかったが、策源地としての一定の役割を果たした。当時米国統治下にあった沖縄からはB－52戦略爆撃機が出撃した。日本本土の米軍基地はベトナムへ向けて兵器を輸送する中継拠点となったほか、戦闘で損傷した兵器を修理する施設としても機能した。米軍基地・施設のみならず、日本側の交通輸送関連のインフラ（空港や鉄道など）も米軍側の人員、物資の輸送に利用された。さらには、米軍の負傷兵が来日して治療を受ける事例も珍しくなかったという。また、休養目的で大勢の米兵たちが来日した。

これらに比べれば、湾岸戦争に対する日本の貢献は低調であった。しかし、前述のように、日本政府は総計一三五億ドルを湾岸戦争のために支払わざるを得なかった。米国は、水面下で日本政府に、米軍軍需品の海上輸送（兵站支援）をも要求した。これに対して、日本政府は軍需物資の輸送を民間の海運業者に依頼した。民間業者はこれを拒否したことになっているが、実際には行われたという。

これについては、柿山朗氏（元外航船員）による、羅針盤を発行する会による「vol・24 軍と民、それぞれの論理と海上労働6」（http://seamen.boy.jp/vol-24-軍と民、それぞれの論理と海上労働%ef%bc%96/）という記録がある。

これによれば、民間船舶＝中東貢献船の「シービーナス号」と「きいすぷれんだあ号」が実際に米軍需品の運搬を実施したという。「きいすぷれんだあ号」が中東に近づくころ、船員にはガスマスクが配られたという。一九九一年一月二一日（因みに一月一七日からイラクに対する空爆を開始）、「きいすぷれんだあ号」がサウジアラビアのダンマーム港に入港するとき、船長の橋下氏は上空に飛んできたイラク軍のミサイルを米軍のパトリオット・ミサイルが撃墜する光景を目撃したという。

このように、米国に「負い目」のある日本政府は秘密裡に「苦肉の策」を行っていたものと思われる。一方の米国は皮肉にも、自ら下賜した憲法第九条により、湾岸戦争に対する日本からの期待通りの協力が得られなかったのである。

あとがきに代えて――新型コロナウイルスとの戦いは有志連合で

新約聖書に〈家を建てる者たちの捨てた石。それが隅の親石になった。〉という言葉がある。〈捨てた石〉とはキリストのことを指し、「ユダヤ教徒が〝捨てた石〟が、キリスト教の礎石になった」という意味であろう。ここで聖書の教義について論ずるつもりはない。家を建てる際に「礎石」がいかに重要であるかを示すために引用した。

序章で〈兵站《へいたん》は、作戦を支える礎石――建造物の土台となって、柱などを支える――のようなものだ。〉と述べた。それが兵站の本質だと思う。

明治維新から三〇年余しか経たない日本が超大国のロシアに勝ち、その後、無謀にも超大国アメリカに挑戦して敗れた。それはなぜなのか。本書ではいくつかの戦役を取り上げ、勝敗の原因を兵站に焦点を当てて分析した。そして、いずれの戦いの勝敗も、「兵站が決定的なファクター」のひとつであることがわかった。

本書執筆のために行った戦役の分析で、戦争の本質のひとつは「兵站をめぐる攻防」であることが浮き彫りになった。「兵站をめぐる攻防」とは、攻撃する側は「相手の策源地や兵站拠点を破壊し、兵站（後方）連絡線となるシーレーンや鉄道・道路（とくに橋梁《きょうりょう》）

の切断を追求すること」に尽き、守る側は「相手の攻撃から策源地や兵站拠点を防御し、兵站（後方）連絡線となるシーレーンや鉄道・道路（とくに橋梁）の切断を阻止すること」に尽きる。また「兵站をめぐる攻防」においては、戦う双方が、「攻撃する側」にも「守る側」にもなっている。

本書における分析を通じ、もうひとつ重要な戦いの本質が見えてきた。それは、意思決定の問題である。戦争を仕掛ける（発動する）際に、兵站上は「極めて困難・不可能」という常識レベルの評価があるにもかかわらず、ブレーキがかからず無謀な戦争に突入する愚をなぜ犯すのかという疑問だ。

その理由は、「情に流されるから」「独裁者の決断には逆らえないから」「全体の流れができると、個人では棹《さお》させないから」「上司・部下の関係、地縁・血縁、同期・同窓生などのドロドロした人間関係から」「優柔不断な八方美人が出世し、トップになるから」「馬鹿げた功名心から」など山ほどの理由がある。日本独特の『和を重んじること』や『出る杭にはなりたくない』という精神風土」も原因に考えられる。いずれにせよ、この問題は人間心理の奥底に起因するもので、それは永劫《えいごう》解決のつかないものなのかもしれない。

現下、独裁国家の中国や北朝鮮などのトップ以外の政治家や高級官僚などは、「自己と家族の生き残り」という切実な背景のなかで「意思決定への形だけの参画をせざるを得ない」という事情もあろう。こうなると、最後にブレーキをかけうるのは、やはり「トップ」である。総理大臣や大統領など民主主義で選べるトップなら、国運を賭ける意思決定で、「冷静合理的にしかも勇気をもってあたることのできる人間」を選ぶべきだ。とはいえ、選挙において各候補者のそのような資質を判別するのは、現実的には不可能だろう。意思決定の問題は「人間というものの限界」ないしは「人間の性《さが》」というべきものなのかもしれない。だから、繰り返し、繰り返し、人間世界では「愚かな決断」が出現し、多くの人々が塗炭の苦しみを味わせられるのだろう。

世界は新型コロナウイルス禍に苦しんでいる。コロナウイルスの名前の由来（太陽の周りの光の輪の光冠〔コロナ〕）のように、世界中が皆既日食の下にあるがごとく、人の心も経済も沈滞している。これは、第三次世界大戦ともいうべき惨事だ。戦いが終わっても戦勝国はなく、世界中が敗戦国になるのだ。

新型コロナウイルスは「策源地」である世界各国の経済基盤を直接攻撃し、ミサイルや砲弾のように物理的に破壊・焼却はしないものの、事実上それと同じ被害を与えている。また、戦争遂行の基盤である、各国の財政・経済に対し、世界恐慌並みのダメージを与えている。市民生活は、まるで防空壕《ぼうくうごう》に退避しているように自宅に籠らされ、閉塞させられている。

新型コロナウイルスとの戦争では、本来的には全人類・世界各国は協力すべきであるが、現状では米中覇権争いが続いており、各国は国益を最優先にして、バラバラの戦いを続けている。それゆえ、〝世界連合軍〟の結成は無理であろう。我が国にとって現実的な選択は、米国を中心とした有志連合軍による「アンチコロナ大作戦」を行うことだろう。

有志連合軍の作戦によって、日米は新型コロナウイルスとの戦いのみならず、中国の野望――世界への影響力拡大や「一帯一路」戦略の実現――を阻止できるというわけだ。米中覇権争いで米国を援助するのは、日米同盟を基軸とする日本の当然のスタンスである。

「アンチコロナ大作戦」の「兵站面からの最重要事項」は、「ワクチンと特効薬の早期開発」である。これなくしては、世界中の人々はインパール作戦のなかで飢えと感染症に苦しむ第一五軍の兵士と似たような状況に置かれ、希望が持てない。一日も早く、この「ワクチンと特効薬」が開発され、世界の人々に届くことを祈りたい。

米食品医薬品局のゴッドリープ元長官は、「最初にコロナワクチン開発に成功した国が、世界に先駆けてその国の経済と世界的な影響力を回復する」と述べた。「アンチコロナ大作戦」においても「兵站が勝敗を左右する」ということだ。
今回、扶桑社の田中亨さんには格別のご支援を賜った。心から御礼を申し上げたい。

二〇二〇（令和二）年六月

福山隆

著者略歴
福山 隆（ふくやま・たかし）
陸上自衛隊元陸将。1947（昭和22）年、長崎県生まれ。防衛大学校卒業後、陸上自衛隊に入隊。1990（平成2）年、外務省に出向。その後、大韓民国防衛駐在官として朝鮮半島のインテリジェンスに関わる。1993年、連隊長として地下鉄サリン事件の除染作戦を指揮。九州補給処処長時には九州の防衛を担当する西部方面隊の兵站を担った。その後、西部方面総監部幕僚長・陸将で2005年に退官。ハーバード大学アジアセンター上級研究員を経て、現在は執筆・講演活動を続けている。著書に『防衛駐在官という任務』『米中経済戦争』（ともに、ワニブックス【PLUS】新書）など。

兵站
――重要なのに軽んじられる宿命

発行日　2020年 7 月20日　初版第1刷発行
　　　　2021年10月20日　　　第4刷発行

著　　者　福山 隆

発 行 者　久保田榮一

発 行 所　株式会社扶桑社
〒105-8070
東京都港区芝浦1-1-1 浜松町ビルディング
電話 03-6368-8870（編集）
　　 03-6368-8891（郵便室）
www.fusosha.co.jp

装　　丁　新 昭彦（ツー・フィッシュ）

DTP制作　株式会社ビュロー平林

印刷・製本　株式会社加藤文明社

定価はカバーに表示してあります。
造本には十分注意しておりますが、落丁・乱丁（本のページの抜け落ちや順序の間違い）の場合は、小社郵便室宛にお送りください。送料は小社負担でお取り替えいたします（古書店で購入したものについては、お取り替えできません）。

Printed in Japan ISBN 978-4-594-08567-4